Scratch 2.0创意编程

凌秋虹　主　编

苏州大学出版社

图书在版编目(CIP)数据

Scratch 2.0创意编程 / 凌秋虹主编. —苏州：苏州大学出版社,2018.11(2020.8重印)
ISBN 978-7-5672-2365-3

Ⅰ.①S… Ⅱ.①凌… Ⅲ.①程序设计－少儿读物
Ⅳ.①TP311.1-49

中国版本图书馆 CIP 数据核字(2018)第 140523 号

Scratch 2.0创意编程

凌秋虹　主编

责任编辑　苏　秦

苏州大学出版社出版发行

(地址：苏州市十梓街 1 号　邮编：215006)

宜兴市盛世文化印刷有限公司印装

(地址：宜兴市万石镇南漕河滨路 58 号　邮编：214217)

开本 787 mm×1 092 mm　1/16　印张 9　字数 147 千
2018 年 11 月第 1 版　2020 年 8 月第 5 次印刷
ISBN 978-7-5672-2365-3　定价：28.00 元

若有印装错误，本社负责调换
苏州大学出版社营销部　电话:0512-67481020
苏州大学出版社网址　http://www.sudapress.com
苏州大学出版社邮箱　sdcbs@ suda.edu.cn

编委会成员

主　编：凌秋虹

副主编：邹　泓

编　委：（按姓氏笔画为序）

朱　益　许　凯　孙晓莉　芦　斌

杨骏乐　邹　泓　沈敏华　赵　娴

柴凤梅　凌秋虹　龚洁莹

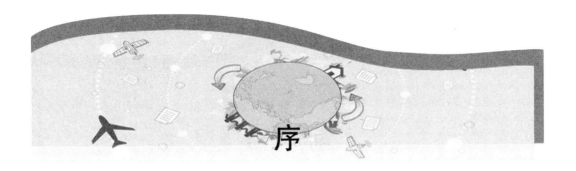

序

当前,Scratch 已经作为重要学习内容被纳入了全世界中小学信息技术课程内容体系。Scratch 不仅仅是一个协助初学者入门的编程工具,它还是一个刻意营造的学习环境。Eisenberg 认为,面对未来世界不可预期的挑战,单纯强调技术训练的信息技术教育是不可行的,强调个人、控制、抽象的信息技术教育典范与强调合作、好奇、具象的信息技术教育典范产生了一股相互拉扯的力量,而 Scratch 建造主义式的活动正好能够同时满足抽象与具象的需求。所以,我们不能仅仅把 Scratch 作为一种编程工具来学习,更要特别关注 Scratch 环境下如何培养儿童的高阶思维能力。例如,英国明确提出中小学计算(Computing)课程应学会培养学生使用"计算思维"和"创造力"来理解和改变世界。创新能力的培养成为 Scratch 教学中必须要关注的关键点之一。如何在 Scratch 环境下培养儿童的创新力呢? 苏州市姑苏区的"凌秋虹名师工作室"多年来一直在不断思索与实践,并于 2013 年申报了江苏省中小学教学研究课题(2013 年度第 10 期)——在 Scratch 环境下学生创新能力培养的实践研究,在实践与研究中逐步形成了系统、全面的 Scratch 培养儿童创新力的课程内容体系、具体教学策略和区域行动计划,从区域行动、教学策略、创新力内核、虚实项目以及具体实际案例分析等五个方面全面而系统地介绍了他们的经验,有理性思考,也有具体操作模式。同时,课题组全体成员还共同编写了《Scratch 2.0 创意编程》一书,我们坚信他们的经验和做法会对全国其他信息技术教师开展 Scratch 教学有启发,有借鉴。

Scratch 及其蕴含的思想已经在教育上形成了一个不容忽视的趋势,对于 Scratch 的持续关注已经是许多信息技术教师共同的兴趣。在 Scratch 的教学过程中,教师要透过工具看到背后的"人",不要过分聚焦工具本身,而应着眼于儿童的学习能力与发展。我们期待着 Scratch 会引领儿童迎接不一样的未来。

江南大学教育信息化研究中心副教授、教育技术博士　刘向永

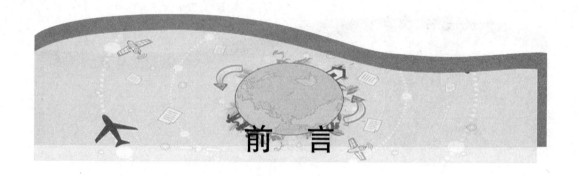

前　言

　　2013 年,我们以信息技术名师工作室领衔人凌秋虹为主,申报了江苏省中小学教学研究课题(2013 年度第 10 期)——在 Scratch 环境下学生创新能力培养的实践研究,通过四年多的理论学习和实践研究,积累了许多既能极大满足学生学习兴趣,又能激发学生创新思维的教学案例。课题组全体成员共同编写了《Scratch 2.0 创意编程》一书,该书注重计算思维的培养、创新思维的提升和问题解决策略的引导,其目标是将 Scratch 作为工具,教会读者最基本的编程概念,并引导读者通过 Scratch 案例学习在创新意识、创新思维、创新能力和解决问题的能力上有所提升。

　　本书共 25 课,前 5 课主要讲解如何使用 Scratch 绘制角色、使用控件、搭建舞台,并创建富媒体应用程序,其余以 Scratch 案例为主导讲解各个编程概念。每一课都有完整的案例,通过学习要点、情景呈现、任务分析、搭舞台创角色、脚本搭建、控件说明、实践与创新、课外拓展等几个环节将一个个具体的任务进行引导分解,进而一步步指导读者有条不紊地进行创新,让读者在特定的情景中去实践、去研究。对于每个案例又留有拓展的空间,引导读者充分思考。当读完整本书后,相信读者一定可以完成各种相关编程项目,且创新能力也会得到提升。

"在 Scratch 环境下学生创新能力培养的实践研究"课题组

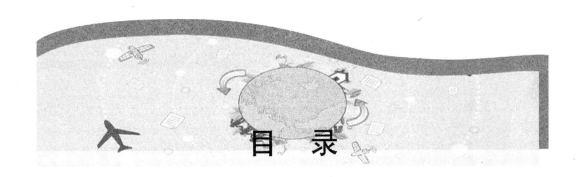

目 录

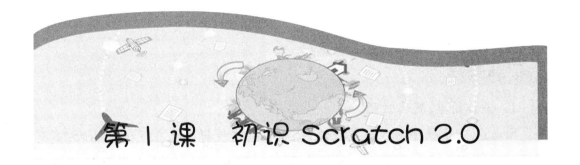

第 1 课 初识 Scratch 2.0

学习要点

- 知识技能目标：了解 Scratch 2.0 程序的功能和特点，认识 Scratch 2.0 程序的界面。初步体验 Scratch 2.0 编程。
- 创新能力目标：通过故事创编激发学习兴趣，体验创作带来的乐趣。

情景呈现

Scratch 2.0 是一种全新的程序设计语言，它可以用来设计动画、故事、游戏、音乐和美术等作品。例如，可以用它来创编动画片《新龟兔赛跑》。

Scratch 2.0 程序是美国麻省理工学院开发的一套开源程序。它专为八岁以上儿童设计，是一款图形化程序设计软件。它的语言简单，操作简便，非常容易上手。

Scratch 2.0 程序的诞生为我们信息技术课堂注入了新的活力。通过设计作品，培养和提高学生的逻辑分析、创意思考、流程控制、问题解决和合作学习等多方面的能力。

功能特点

1. 操作简单,趣味性强。

Scratch 2.0 程序用积木式控件代替代码,这使得学生在设计作品时,不需要进行大量的记忆,看到控件的名称就能了解控件的意思,大大降低了使用门槛,使得编程就像搭积木一样,学生获得成功体验的可能性也更大。

2. 所见即所得,刺激感官。

Scratch 2.0 的平台以实验方式架构,当学生完成脚本编写后就能在"舞台区"看到效果,方便学生反复进行尝试、验证与调试。所见即所得的特点大大刺激了学生的感官,使其眼、耳、手都能得到刺激,而每种刺激都能激发其对这些功能进行想象与创新,多种刺激的融合更能达到奇妙的效果。

3. 功能强大,应用广泛。

Scratch 2.0 的媒体应用十分丰富,其中输入类媒体应用包括声音侦测、鼠标侦测、键盘侦测、第三方传感等,输出类媒体应用包括音乐、动画、马达等,强大的功能涉及领域广泛,涵盖了如数学、科学、语言、逻辑、美术、音乐等多个学科,强调跨学科学习。Scratch 2.0 更具备了多项扩展功能,可以实现矢量角色的绘制和编辑,使得作品画面更加丰富。

4. 控件多样,交互性强。

Scratch 2.0 中的十大类模块涵盖了一百多条控件。新增的自定义积木模块大大拓展了程序设计的复杂性。外接各种拓展设备,实现人机互动。丰富的交互性和趣味性,让学生可通过编程的方式制作各类交互性的游戏、动画、故事,甚至虚拟现实场景等,大大满足了学生兴趣爱好方面的需求。因此,在Scratch 课堂中,学生会快乐地、全身心地投入到创作活动中。

界面认识

1. 菜单栏——文件的基本操作、编辑、帮助以及程序语言选择等。

2. 舞台区——呈现编程结果的地方。

3. 角色列表区——显示所有角色的区域。

4. 控件/造型/声音区——控件、造型和声音的编写设计区。

控件区包含动作、外观、声音、画笔、数据、事件、控制、侦测、运算符以及更多模块十大类,供编写脚本时选择使用。

5. 脚本区——使用控件搭建脚本的区域。

脚本搭建

Scratch 2.0 程序非常容易上手，双击桌面上的小猫图标 ![Scratch 2] 即可启动程序。

编写脚本时，可将"事件"模块中的 ![当▶被点击] 和"动作"模块中的 ![移动 10 步] 拖动到脚本区，并将它们像积木一样拼接在一起，两个控件就组合好了。单击舞台区的 ![▶]，脚本开始运行，角色小猫就可以在舞台区动起来了。如果需要终止脚本，则单击 ![●]。

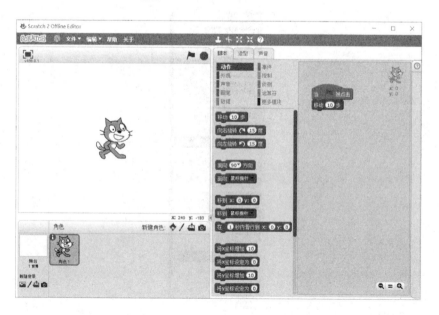

1. 每次打开 Scratch 2.0 程序,默认的语言都是英文,可以单击左上角的小地球图标 ,将语言修改为"简体中文"。控件字号比较小,可以按住上档键(Shift),再点击小地球图标 ,选择"set font size"选项 set font size,然后选择合适的字号。

2. 可以在脚本区单击右下角的放大镜,调整脚本区中控件显示的大小。

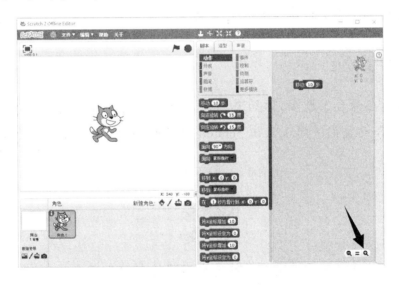

3. 尝试给小猫搭建不同的脚本,让小猫做出相应的动作,看看小猫是否很听话。大家快来试一试吧!

课外拓展

Scratch 2.0 神奇吗? 通过本课的学习,你觉得它能为我们解决哪些问题、实现哪些动画呢? 快把你的想法与大家一起交流吧!

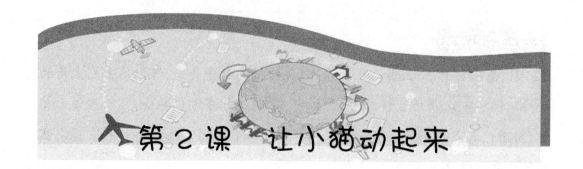

第2课 让小猫动起来

学习要点

- 知识技能目标：学习控件的添加、组合、拆除、删除和复制。
- 创新能力目标：运用控件搭建,体验脚本搭建的乐趣,以动画为驱动,在动画设计的任务中培养学生的创新思维。

情景呈现

小猫想在舞台上散步,你知道怎样让小猫动起来吗? 这需要通过搭建脚本来实现,今天我们一起来认识 Scratch 常用控件的搭建,让小猫动起来吧。

在 Scratch 里,不同模块的控件是用不同的颜色来区分的。

任务分析

当绿旗被点击时,小猫先移动,然后跟大家打个招呼,其流程图如下:

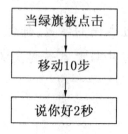

在这个动画中,主要完成以下两个任务。

任务需求	图示	解决策略
1. 小猫动起来。	当 ▶ 被点击 移动 10 步	使用控制和动作模块中的控件，让小猫动起来。
2. 小猫打招呼。	当 ▶ 被点击 移动 10 步 说 你好 2 秒	使用外观模块中的说话控件，让小猫打招呼。

脚本搭建

1. 小猫动起来。

将控制模块中的 当 ▶ 被点击 和动作模块中的 移动 10 步 拖到脚本区拼接起来。当绿旗被点击，小猫就移动 10 步。

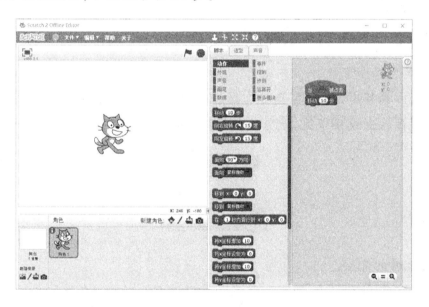

2. 小猫打招呼。

给小猫添加 说 你好！ 2 秒，让小猫说"你好"并停留 2 秒。

控件的基本操作

1. 控件的添加。

拖动控件，就能将所需控件拖入脚本区。控件与控件之间可以通过"凸口"和"凹口"连接起来。例如，如果需要将动作模块控件 当 ▶ 被点击 和 移动 10 步 控件相组合，那么只需将 移动 10 步 拖到 当 ▶ 被点击 控件的下方，当出现一条白色线条时松开鼠标左键，则两个控件就组合好了。

对既没有凸口又没有凹口的控件，如控件 碰到 ▼ ？ ，只能嵌入与它外形相同的控件中，如 重复执行直到 ◯ 控件。

2. 控件的拆除。

在实际编程中，往往需要对已经组合好的控件进行拆除，这时只需要选定某个控件往上或往下拖，就可以使该控件与其他控件分离了。

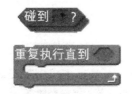

3. 控件的删除。

对于不需要的控件，则可以将其拖出脚本区。当然，在控件上右击，选择"删除"命令同样也能实现删除。

4. 控件的复制。

右击控件，选择"复制"命令可以实现控件的复制。

1. 请你找一下与"当绿旗被点击"外形相似的"当按下空格键"控件,试试能否启动小猫运动。

2. 控件除了可以一条一条地复制,还可以整段复制。复制整段脚本的方法是将它拖动到另一个角色上,请你动手试一下。

课外拓展

请你设计一个"猫捉老鼠"的动画。

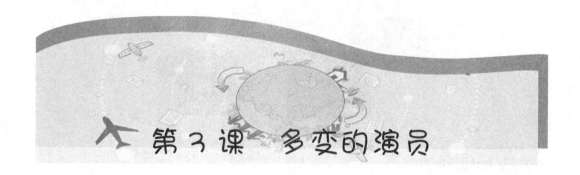

第3课 多变的演员

● 知识技能目标：掌握四种创建角色的方法。学会删除、复制和改变角色的大小。通过脚本的搭建了解角色造型的切换，实现动画效果。

● 创新能力目标：通过角色的创建和造型切换，初步体验动画制作的基本步骤，培养基于造型变化实现动画的创意思维。

"小明穿衣"这个游戏通过给原本未穿外套的小明添加不同样式的服装来让小明变得更加帅气，那怎样才能把不同的衣服添加到小明身上呢？

"角色"就是舞台区所有参加表演的对象，在 Scratch 中我们可按需要添加不同的角色，并给不同的角色添加造型、编写脚本，来实现不同的动画效果。

任务分析

人物"小明"是一个角色,同样也可以将衣服看作角色,通过新增衣服角色并对其进行适当的调整,为衣服角色添加造型,并通过切换造型来为小明变化服装。其流程图如下:

```
新建角色
   ↓
调整角色
   ↓
导入造型
   ↓
切换造型
```

在这个游戏中,主要完成以下4个任务。

任务需求	图示	解决策略
1. 新建角色。	Dani Shirt	通过新建角色的方法来实现。
2. 调整角色。		使用工具调整角色。
3. 导入造型。	新造型: shirt-a 72x99	在造型选项卡中添加造型。
4. 切换造型。	新造型: 1 shirt-a 72x99 2 shirt-b 89x110	单击或者按空格键切换下一个造型。

创建角色和造型

1. 新建角色。

在舞台左下角有"新建角色"按钮,可以通过四种方式来实现角色的新建。

新建角色:

(1) 从角色库中选取角色,可以在 Scratch 提供的"角色库"中选择需要的角色。

(2) 绘制新角色,可以在"绘图编辑器"中自由创作新的角色。

(3) 从本地文件中上传,可以导入本地计算机上的图片作为新角色。

(4) 拍摄照片当作角色,可以通过计算机所连接的摄像头拍照作为角色。

在本课中,选择"从角色库中选取角色"导入小明和衣服角色。

角色

Dani Shirt

2. 调整角色。

通过舞台右上方的快捷工具 删除多余的小猫,并通过移动调整衣服角色的位置。

3. 导入造型。

在 Scratch 中除了有"角色"这一概念外,每个角色还可以通过不同的"造型"来实现外观的变化。选择造型选项卡中的 可导入其他衣服的造型。

脚本搭建

切换所穿衣服造型。

方案一：在造型里用鼠标单击所需衣服，小明就会"穿"上所选的衣服造型。

方案二：通过搭建脚本。实现按空格键切换造型。一个角色的造型越多，变化就越多。

控件说明

所属类别	控件图标	作用
控制	当按下 空格键	当按下空格键，脚本开始运行。
外观	下一个造型	如某个角色有多个造型，可用该控件来切换至下一个造型。

1. 能否用绘画的方式给小明 DIY 一件衣服？

提示：可以通过 ✏ （即绘制新角色的方式）给小明画一件衣服。

2. 找一找还有哪些和造型相关的控件，你能实现按数字 1 键就穿上第一件衣服吗？

提示：使用控件 将造型切换为 shirt-a ▾ 切换指定造型。

3. 添加角色和添加造型有什么相同点和不同点？

课外拓展

能否给小明再配上各种各样的裤子和帽子？

提示：新建裤子角色、帽子角色，并在角色中添加造型。

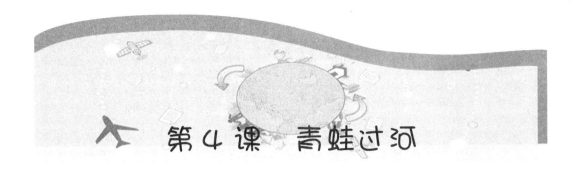

第4课 青蛙过河

知识技能目标：了解坐标轴的概念，掌握舞台背景的设置方法。能运用"移到""平滑移动"等动作控件进行定位移动。

创新能力目标：培养学生创造性地运用多种方法解决问题的能力，锻炼学生的创新能力。

情景呈现

小青蛙要过河，它踩着荷叶一步一步地跳到了河对岸。

任务分析

首先添加青蛙角色和舞台背景，选取第一片荷叶坐标，搭建脚本让青蛙跳到第一片荷叶上，依次选取第二片、第三片和竹筏的坐标，让青蛙过河。其流程图如下：

```
当绿旗被点击
    ↓
移到第一片荷叶
    ↓
移到第二片荷叶
    ↓
移到第三片荷叶
    ↓
移到河对岸
```

青蛙过河小动画里，主要完成以下 3 个任务。

任务需求	图示	解决策略
1. 导入舞台背景。	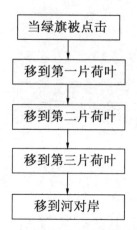 舞台 3 背景 新建背景	通过"舞台"，选择多个背景导入。
2. 获取舞台上角色的坐标位置。	x：27 Y：144	1. 策略一：在舞台右上角能看到当前角色在所处舞台上的坐标位置。 2. 策略二：刷新相应模块，获取当前坐标值。
3. 两种动作控件进行角色运动。	在 1 秒内滑行到 x：27 y：144 移到 x：27 y：144	运用"移到 XY"和"平滑移动"控件。

搭舞台　创角色

1. 导入池塘背景。

单击舞台选择"本地文件夹中上传"，在弹出的"导入背景"对话框中选择需要导入的舞台背景。

2. 导入青蛙角色。

单击角色区"从本地文件夹中上传"按钮,根据路径选择青蛙图。

脚本搭建

1. 初始化青蛙位置。

单击"动作"模块,将"移动"控件拖入脚本区。

2. 青蛙跳到第一片荷叶上。

将青蛙移动到第一片荷叶上,坐标 X、Y 的数值自动刷新,然后将"移动"控件拖入脚本区。

3. 等待 1 秒再跳。

此时发现青蛙没有跳跃的过程,直接到了第一片荷叶上,这需要在两条控件之间加入控制模块中的"等待 1 秒"。

4. 以此类推,用相同的方法将青蛙移动到第二、第三片荷叶以及河对岸的位置上。

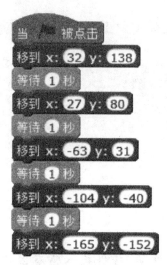

控件说明

在 Scratch 中,舞台宽 480 个单位,高 360 个单位。舞台中心的坐标为 (0,0)。X 表示水平方向的位置(即横轴坐标),Y 表示竖直方向的位置(即纵轴坐标)。

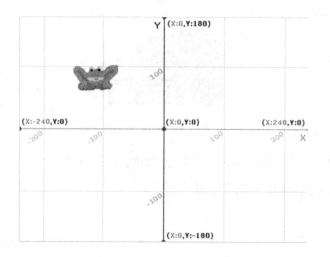

所属类别	控件图标	作用
动作	移到 x: 27 y: 144	角色移到坐标 X、Y 的位置。
控制	等待 1 秒	等待 1 秒以后执行。

实践与创新

1. 前文中青蛙是跳到河对岸的,能不能运用其他与坐标有关的控件(如使用 在 1 秒内滑行到 x: 0 y: 0)让青蛙游到河对岸?

2. 想一想,如何调节青蛙过河的速度,你有几种办法?

课外实践

运用所学知识添加多个角色,创编小故事,如"动物游泳大比拼",比比谁的故事更精彩。

第5课　美丽的蝴蝶

- 知识技能目标：认识绘图编辑器，能使用它绘制、编辑及选取图形。
- 创新能力目标：掌握图形的绘制与编辑技巧，能创造性地对已有素材进行加工与处理。

情景呈现

　　春天百花盛开，蝴蝶在花园里翩翩起舞，可蝴蝶的翅膀在花丛中太不起眼了，它想换上鲜艳美丽的翅膀，你能帮它设计吗？

　　Scratch 1.4 中的绘图编辑器，只能对位图文件进行编辑角色、绘制新造型。而 Scratch 2.0 不仅可以对位图进行编辑，还能对矢量图进行分组变形，大大提高了造型编辑的效率和美观度。

　　蝴蝶角色是矢量图,使用绘图编辑器在矢量模式下编辑蝴蝶造型,利用分组和变形工具修改蝴蝶翅膀的外形,使用填充工具编辑蝴蝶翅膀颜色,通过复制和切换翅膀造型,制作出蝴蝶飞舞的效果。其流程图如下:

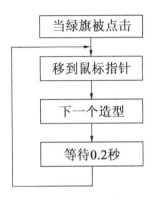

　　在制作美丽的蝴蝶的过程中,主要完成以下 5 个任务。

任务需求	图示	解决策略
1. 拆分蝴蝶。		将组合的蝴蝶造型拆分。
2. 翅膀变形。		使用变形工具,将拆分出的翅膀进行变形组合。
3. 美化翅膀。		使用填充工具,给蝴蝶翅膀填上不同的颜色。
4. 扇动翅膀。		运用复制造型的方法,对造型的大小、方向进行调整。

任务需求	图示	解决策略
5. 蝴蝶飞舞。		使用"切换造型"功能,让蝴蝶的翅膀扇动起来。

搭舞台　创角色

1. 添加花卉背景。

单击舞台按钮，将背景样本库中的"flowers"导入舞台。

2. 添加蝴蝶角色。

单击新建角色按钮，从角色库中导入"Butterfly2"角色,调整蝴蝶大小并摆放到位。

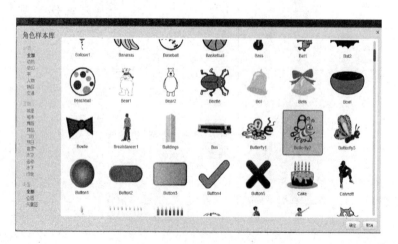

1. 拆分蝴蝶。

选择造型选项卡,用鼠标框选中整个蝴蝶,单击右侧工具栏最后一个取消分组工具 ▣,此时拖动蝴蝶翅膀即可将其与其他部分分离,单独对其进行放大、缩小等操作。

2. 翅膀变形。

选中拆分开的翅膀,单击工具栏中的变形工具 ,在需要变形的地方单击,拖动控制点可以调整图形大小,在控制点上右击可以删除控制点,在图形边缘空白处单击,可以添加控制点。

3. 美化翅膀。

选择填充工具 ,单击选择喜欢的颜色(单击 ■ 可以切换前景色和背景色),选择喜欢的方式填充,也可以使用画笔或椭圆工具进一步美化蝴蝶,最后将翅膀移动到位,将角色全部选中,再次组合起来。

4. 扇动翅膀。

在修改好的造型上右击选择复制命令,在第二个造型上重复取消分组,将翅膀的大小和方向略微调整一下,重新组合,就形成了蝴蝶的两个造型。

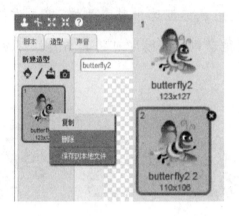

5. 蝴蝶飞舞。

为蝴蝶搭建脚本,当绿旗被点击时,重复执行移到鼠标指针,切换下一个造型,并等待0.2秒。

控件说明

所属类别	控件图标	作用
动作	移到 鼠标指针	角色紧紧跟随鼠标指针。

实践与创新

1. 绘图编辑器中除了有上面所学的工具外,还有哪些工具?请试一试它们的作用,并尝试给蝴蝶添加一个小花篮。

2. 在舞台区分别插入一张位图和一张矢量图,使用工具 试一试它们有什么区别;再用绘图编辑器查看,这时又有什么区别。

课外拓展

1. 从网上查找资料,了解位图和矢量图。

2. 你能用绘图编辑器画出更多美丽的图形吗? 快来试一试吧!

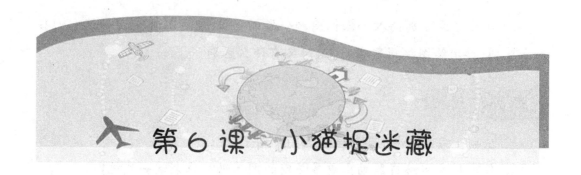

第6课 小猫捉迷藏

学习要点

● 知识技能目标：熟练搭建游戏舞台和控制角色的方法，体验脚本的搭建和运行。

● 创新能力目标：发挥学生创新思维能力，引导学生学以致用，举一反三，真正达到思维拓展的目的。

情景呈现

小猫、小狗、鹦鹉和狐狸是好朋友，它们常常一起玩捉迷藏。这一次小猫怎么找也找不到它的小伙伴了，你能帮帮它吗？

使用 Scratch 中的外观模块就可以实现捉迷藏的效果了。

任务分析

　　游戏开始,3个小动物都躲起来了,小猫到处寻找,找到所有小伙伴,游戏结束。其流程图如下:

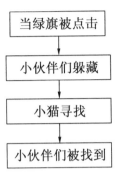

　　在制作捉迷藏游戏的过程中,主要完成以下4个任务。

任务需求	图示	解决策略
1. 小猫倒数计时,宣布游戏开始。		使用说话控件,宣布游戏开始。
2. 小动物们躲藏。		使用外观控件,应用图层原理挡住小动物们。
3. 小猫朝着鼠标方向移动。		重复执行移动控件,让小猫始终跟随鼠标移动。
4. 找到小动物们。		当某个小动物被点击时,移到最上层,并说话。

搭舞台　创角色

1. 添加捉迷藏背景。

单击舞台按钮![按钮]，将事先准备好的图片导入舞台，也可以选择喜欢的场景。

2. 添加小动物和其他角色。

单击按钮![按钮]，从本地文件夹中分别上传房子、大树、云朵、狐狸、小狗和鹦鹉角色，调整大小并摆放到位。为了增强游戏的趣味性，还可以给小猫绘制两个翅膀造型，帮助它快速找到躲藏的小动物们。

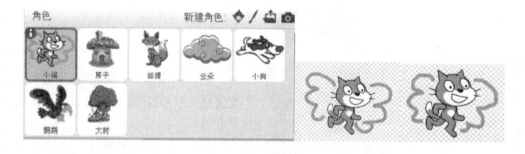

脚本搭建

1. 小猫倒数计时，游戏开始。

初始化小猫角色的位置，并用说话控件倒计时"3、2、1"，宣布游戏开始。

2. 小动物们躲藏。

当绿旗被点击时,让房子、云朵、大树3个角色移到最上层,使得这3个角色正好挡住狐狸、鹦鹉和小狗,看上去就像小动物们躲藏起来了。

3. 小猫朝着鼠标方向移动。

重复执行"面向鼠标指针"控件和移动控件,使得小猫朝着鼠标的指向移动,切换造型,让动画看起来更生动。

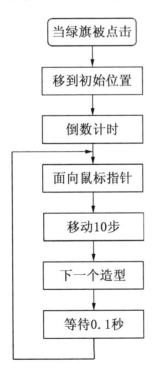

4. 找到小动物们。

分别给狐狸、小狗和鹦鹉3个小动物角色搭建脚本,当鼠标单击躲藏起来的角色,小动物们就移到最上层,表示它们已经被小猫找到了,并说"被你找到啦"2秒。

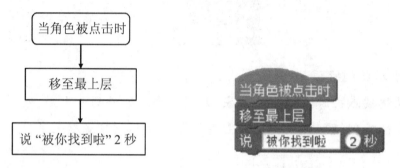

控件说明

所属类别	控件图标	作　用
外观	移至最上层	将当前角色的图层移到最上层。
外观	说 被你找到啦 2秒	舞台出现说话气泡并停留2秒。
动作	面向 鼠标指针	角色朝着鼠标指针或其他角色方向。

实践与创新

1. 除了可以将房子等角色移至最上层,试一试能不能将小动物下移,达到同样的效果?

2. 为了增强游戏的挑战性,给游戏设置玩耍时间,在规定的时间内找到每个小动物,否则游戏将停止。思考一下,这该如何实现?

课外拓展

通过制作捉迷藏游戏,可以带给大家更多的创意和想法,让我们一起行动起来,创编出更多好玩的类似于"捕鱼达人"那样的游戏吧!

第7课 小鱼吃虾米

学习要点

● 知识技能目标：了解重复的意义，掌握重复控件的三种结构，运用重复控件的三种结构进行动画制作。

● 创新能力目标：通过使用重复执行控件，体验重复执行的神奇之处，在具体任务中，培养逻辑分析与思维能力，学会用创新的方法解决问题。

情景呈现

"小鱼吃虾米"是自然界中的一种现象，把这一现象做成动画，肯定是一件有趣的事，大家赶紧动手吧！

在动画中，小鱼和虾米在水里自由自在地游来游去，仔细观察会发现：小鱼在游动的过程中，嘴里还会不停地吐出泡泡。当小鱼碰到虾米的时候，虾米就会被小鱼"吃掉"，过了一小会儿，又会有一只虾米出现，在水里游动起来。

任务分析

小鱼在水中有规律地吐着泡泡,虾米也在水中自由地游来游去,当它碰到小鱼时消失3秒,其流程图如下:

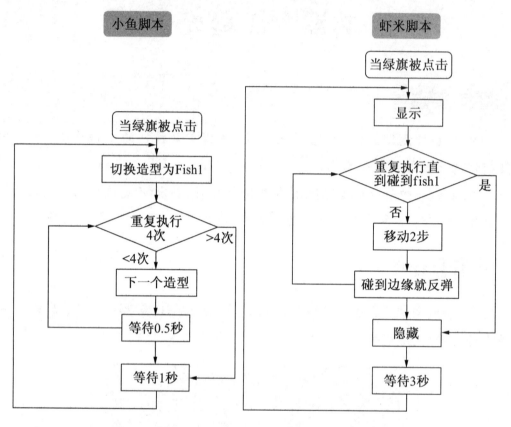

在小鱼吃虾米动画的制作过程中,主要完成以下4个任务。

任务需求	图示	解决策略
1. 小鱼在水里来回游动。		运用不断重复的控件,让小鱼在水里不停地来回游动。
2. 小鱼边游动边吐泡泡。		运用按次重复控件,切换造型,实现吐泡泡。

任务需求	图示	解决策略
3. 虾米在水中游动。		用条件重复控件来实现碰到小鱼就被"吃掉"。
4. 虾米碰到小鱼会被"吃掉"。		

搭舞台 创角色

1. 添加海底背景。

从背景库中选择海底的图片作为舞台背景。

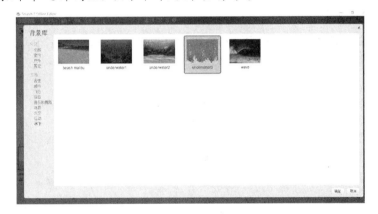

2. 添加小鱼角色。

从角色库中导入一个"小鱼"角色,即 Fish1。

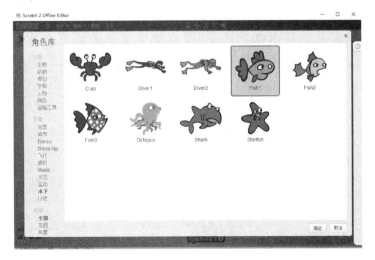

脚本搭建

1. 小鱼在水里来回游动。

小鱼游动需要使用移动控件,为了让小鱼能够不停地在水里游动,需要加上重复控件。在操作中发现,小鱼碰到边缘就不动了,因此还要加上 碰到边缘就反弹 控件,并且将旋转模式设置成只允许左右翻转。

2. 小鱼吐泡泡。

单击小鱼的造型选项卡,可以看到小鱼吐泡泡是通过4个造型不停切换完成的。

因此,使用重复控件来切换造型,可以把重复次数设置为4次。为了让小鱼能够不停地吐出泡泡,需要在按次重复控件外面再套上一个不停重复控件。

3. 虾米脚本。

可以根据之前小鱼游动的脚本自行搭建虾米游动的脚本,使用移动控件和重复控件,但是虾米碰到小鱼会被"吃掉",也就是说当虾米碰到小鱼的时候重复就要停止,因此,这里要用条件重复控件来完成。虾米被小鱼"吃掉"以后,还要重新出现,因此在条件重复的外面也要套上不停重复控件。

控件说明

所属类别	控件图标	作　用
不停重复	重复执行	使指定命令进行无限次重复执行。
按次重复	重复执行 10 次	根据设定好的次数使指定命令进行重复执行。
重复	重复执行直到	根据设定好的条件,当条件满足时停止重复执行。

实践与创新

1. 在虾米游动的过程中,给虾米也加上一些游动的动画效果。

2. 除了知道"小鱼吃虾米",我们还知道"大鱼吃小鱼",试试在池塘中增加一些"大鱼",完成"大鱼吃小鱼,小鱼吃虾米"的动画。

关于"大鱼吃小鱼,小鱼吃虾米"的动画还有很多地方可以进行改进,例如:

1. 它们游动的速度应该不是匀速的,能不能做出不匀速运动的效果呢?这样看起来更加真实。

2. 它们能不能在吃的过程中,做出吃的动作来呢?

3. 你还能加上自己的创意吗?

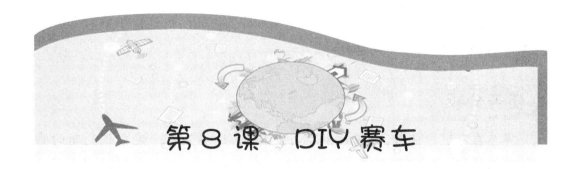

第8课 DIY赛车

学习要点

● 知识技能目标：掌握不同颜色的侦测和角色侦测控件，熟练运用按键侦测控件，区分条件分支结构"如果……就……"和"如果……否则……"的异同。

● 创新能力目标：在脚本搭建中逐步培养学生逻辑分析能力和判断能力，体验程序的最优化，并运用创新的思维形成解决问题的策略。

情景呈现

在Scratch编程中经常会遇到一些较为复杂的情况，很难一步梳理清晰。例如，在Scratch中设计赛车游戏，就会遇到如何控制赛车运行的问题。

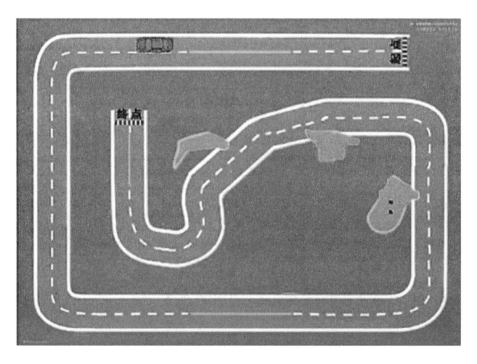

解决上面的问题的奥秘就在于，在 Scratch 编程时，通过对不同的颜色进行判断，让赛车做出不同的动作。

任务分析

赛车在赛道中前行，如果碰到草坪就停止，这类带有一定条件判断的脚本可以利用分支结构来实现。这里将实现用键盘左、右、上、下键控制赛车的运动方向，当赛车碰到终点后游戏结束。其流程图如下：

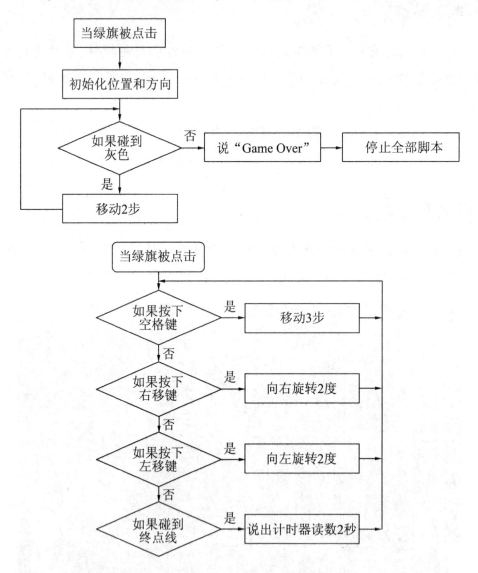

赛车在行驶的过程中，主要完成以下 4 个任务。

任务需求	图　示	解决策略
1. 绘制或导入一辆赛车。		绘制或导入主角——一辆赛车。
2. 确定主角的位置和方向。		设置赛车行驶的方向和初始的位置(X、Y 坐标)。
3. 控制赛车行进。	Game Over	如果侦测到是灰色,赛车就加速,否则就停止。 如果侦测到按键盘上的上移键,赛车就前行。 如果侦测到按键盘上的右移键,赛车就右转。 如果侦测到按键盘上的左移键,赛车就左转。
4. 判断到达终点,加入计时功能。	4.21	这两个任务可合并解决。当赛车碰到终点线后,即到达目的地,游戏结束,同时说出所花时间(程序开始时加入计时功能)。

搭舞台　创角色

1. 导入赛车场背景。

从本地文件夹内导入一张赛车场的图片作为舞台背景。

2. 导入赛车。

从角色库中导入或自己画一辆"赛车"角色。

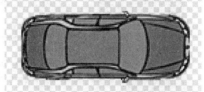

脚本搭建

1. 设置赛车的初始位置。

设置赛车方向为朝左,初始位置 X 轴为 199,Y 轴为 144。

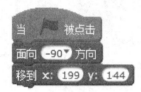

2. 赛车在赛道上行驶。

赛车开始前行,如果侦测到灰色(赛道),赛车继续前行,否则就停止,说"Game over";如果侦测到按键盘上的上移键,赛车就前行;如果侦测到按键盘上的右移键,赛车就右转;如果侦测到按键盘上的左移键,赛车就左转。

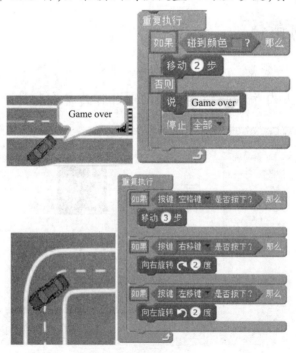

3. 赛车达到终点。

赛车碰到终点线,即到达目的地,说出计时器读数(所花时间),游戏结束。

控件说明

所属类别	控件图标	作　　用
控制	如果 那么	如果脚本满足某一条件,就运行接下来的命令。
控制	如果 那么 否则	如果满足某一条件,执行接下来的相关命令;不满足,执行另外的命令。
侦测	碰到颜色 ?	侦测到某种颜色。
侦测	碰到 角色3 ?	侦测到某一角色。
侦测	按键 空格键 是否按下?	侦测到键盘上的某一按键。

实践与创新

1. 举行"赛车大赛",比比谁的赛车开得快!

2. 思考和分析程序中影响赛车速度的控件和数据,调试程序使赛车不仅能开得快,而且能安全抵达终点。

注意以下提示:

(1)增加移动的步数。

(2)转弯的角度。

(3)赛车的大小。

关于赛车行进的问题还有很多有意思的研究,下面两个问题在脚本中应如何解决呢?

1. 下雨或其他原因导致赛道上有积水,对赛车的行驶会有什么影响?在脚本编写中应注意些什么?

2. 如果赛车在赛道中行驶,突然出现其他角色横穿赛道,在脚本编写中应怎样实现避让?

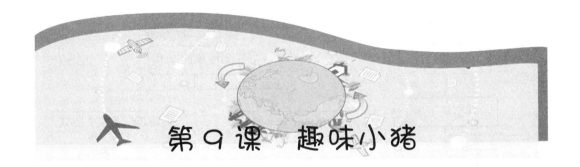

第9课 趣味小猪

学习要点

● 知识技能目标：熟练鼠标控制、键盘控制和声音控制三种控件的使用方式；掌握 Scratch 中耳麦的使用方法。

● 创新能力目标：对猪脸三个部位进行脚本设计，让学生对猪脸的变化编写脚本，发挥学生的创新能力和自学能力，灵活应用三种控件结构创造性地创编更为生动有趣的动画。

情景呈现

猪八戒在《西游记》里老是做错事，被大师兄孙悟空惩罚。我们用 Scratch 来制作惩罚猪八戒的动画。

任务分析

当点击绿旗，小猪的眼睛看向鼠标指针；当按下键盘上的左右方向键，小猪的耳朵变形；当声音响度超过14，小猪的鼻子动起来。其流程图如下：

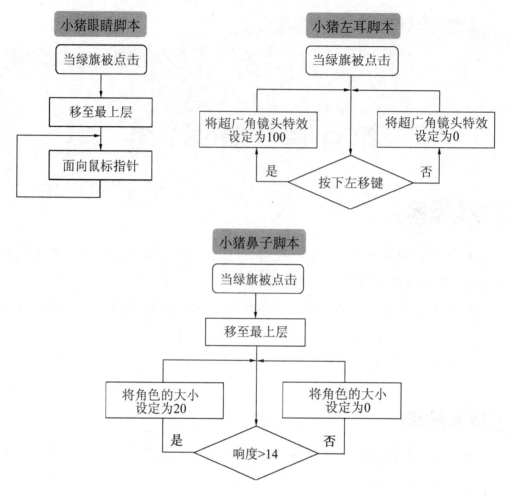

在这个动画中，主要要完成以下 3 个任务。

任务需求	图示	解决策略
1. 猪眼睛跟着鼠标走。		运用面向控件，让猪眼睛跟着鼠标转动。
2. 揪揪猪耳朵。		运用按键控件，让猪耳朵变形。
3. 猪鼻子动起来。		运用响度控件，让猪鼻子变大变小。

搭舞台 创角色

利用绘图编辑器对猪脸各部分进行分离。

从本地文件夹中导入"猪脸""猪眼睛""猪耳朵"和"猪鼻子"四个角色，并调整其大小和位置，删除小猫角色。

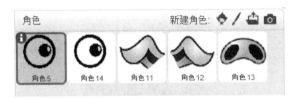

脚本搭建

1. 猪眼睛跟着鼠标走。

使用 面向▼ 控件，并改成面向鼠标指针。实现点击绿旗，眼睛出现在舞台最上层，并且始终跟随鼠标指针移动。

2. 左右键控制猪耳朵。

点击绿旗，如果按下键盘左移键，增加超广角镜头特效，否则还原。使用侦测控件 按键 空格键▼ 是否按下？ 和特效控件 将 超广角镜头▼ 特效设定为 0 ，实现猪耳朵动起来的效果。为猪右耳搭建同样的脚本，侦测控件改为按下右移键。

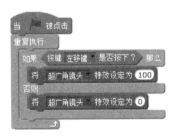

3. 用声音控制鼻子。

（1）认识响度控件。

给计算机连接耳麦，勾选侦测模块中的 ☑ 响度 ，观察响度变化（如果没有变化,请调试耳麦)。

(2) 如果耳麦收到的响度超过一定数值,猪鼻子变大,否则还原。

使用数字与逻辑运算模块中的  ,判断响度是否大于指定数值。

控件说明

所属类别	控件图标	作　　用
侦测	按键 空格键 是否按下?	键盘控制脚本的运行。
侦测	☑ 响度	音量值控制脚本的运行。
数字与逻辑判断	＞	大于。

实践与创新

想一想,猪脸还能有其他变化吗?

课外拓展

除了鼠标、键盘和音量,你能不能用其他方式来控制猪脸的变化呢?

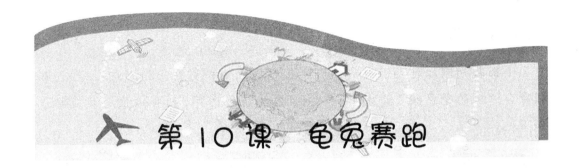

第10课 龟兔赛跑

● 知识技能目标：理解广播消息传递与消息接收的含义。学会运用广播进行消息的传递。

● 创新能力目标：在动画制作过程中培养学生的动手实践能力,在故事创编过程中培养学生的创新思维。

情景呈现

《龟兔赛跑》是一则耳熟能详的故事。一年后,森林里又迎来了第二届运动会,裁判倒数计时后,兔子和乌龟就拼命向终点跑去,这回乌龟和兔子谁会赢得比赛呢?

Scratch 的广播控件可以实现角色之间的互相通信。让兔子和乌龟接收到裁判的控件后再出发。

任务分析

　　小猫裁判倒计时"3、2、1",喊"开始"后,兔子和乌龟向终点跑去,率先碰到舞台边缘的角色说"我赢啦"并通知其他角色停下,比赛结束。其流程图如下:

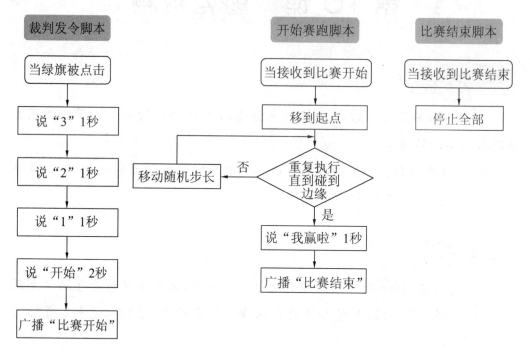

　　在新龟兔赛跑故事中,主要完成以下 3 个任务。

任务需求	图示	解决策略
1. 裁判发令。		裁判倒数计时,发出消息。
2. 开始赛跑。		乌龟和兔子接收到控件,开始赛跑。
3. 比赛结束。		碰到舞台边缘,发出比赛结束消息,停止所有脚本。

搭舞台　创角色

1. 导入运动场背景。

单击"从背景库导入背景",选择"track"作为背景。

2. 导入兔子、乌龟角色。

从本地文件夹中导入兔子和乌龟角色,并将兔子、乌龟和小猫分别摆放到位。

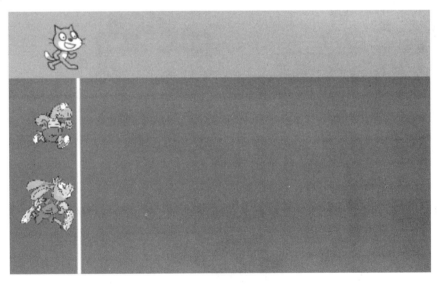

脚本搭建

1. 裁判发令。

当绿旗被点击，裁判小猫倒计时"3、2、1"，喊"开始"，单击事件模块中的  广播控件，新建"比赛开始"消息。消息名称框中可以输入中文，也可以输入英文，名称要有意义，便于识记与理解。一个角色广播消息，所有角色均能"听"到，是否做出反应取决于当接收到广播后是否还有其他脚本。

2. 开始赛跑。

兔子和乌龟接收到"比赛开始"的消息后，初始化位置，然后重复执行移动随机步长，直到碰到舞台边缘说"我赢啦"，广播"比赛结束"。

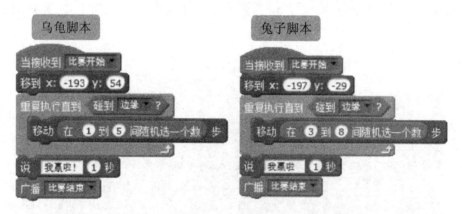

3. 比赛结束。

当兔子和乌龟接收到"比赛结束"的消息时，停止全部脚本。

控件说明

所属类别	控件图标	作　　用
控制	广播 message1	广播发出消息,所角色都能"听"到消息。
控制	当接收到 message1	当接收到广播发出的消息时,角色将会做出响应。

实践与创新

如何用广播控制实现多场景的切换,让比赛在多个舞台场景中进行?

课外拓展

森林运动会还在如火如荼地进行,你还能制作哪些运动项目动画? 请试一试吧!

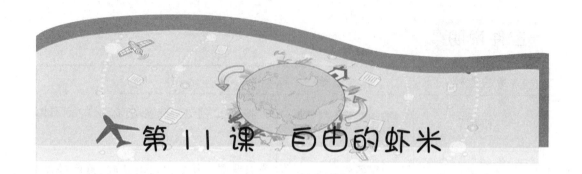

第11课 自由的虾米

● 知识技能目标：认识随机现象，掌握随机控件的操作，学会确定随机控件中随机数的取值范围。

● 创新能力目标：结合随机现象的不确定性，用创新的思维去解决问题，形成更为多样奇特的动画效果。

情景呈现

"小鱼吃虾米"游戏中让虾米出现的位置不确定以及游动的速度时快时慢，从而来模仿现实中虾米的运动。使用随机函数就能实现这样的动画效果。

任务分析

给脚本添加随机函数，实现虾米出现在舞台任意位置，并且速度随机，如果碰到小鱼就隐藏3秒，然后重新出现。其流程图如下：

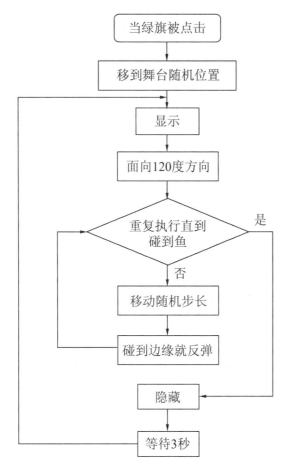

当绿旗被点击

移到舞台随机位置

显示

面向120度方向

重复执行直到
碰到鱼 —— 是

否

移动随机步长

碰到边缘就反弹

隐藏

等待3秒

在本游戏中，主要完成以下 3 个任务。

任务需求	图示	解决策略
1. 每次虾米出现的位置随机。	移到 x: 0 y: 0 在 1 到 10 间随机选一个数	利用移到控件和随机控件结合给虾米设置随机坐标，实现在不同位置出现。
2. 虾米游动时快时慢。	移动 10 步 重复执行 在 1 到 10 间随机选一个数	利用移动控件、随机控件、重复控件结合实现变化的移动速度。
3. 碰到小鱼就被吃掉。	—	利用判断控件，实现被吃掉的效果。

搭舞台 创角色

1. 添加海底背景。

从背景库中选择海底的图片作为舞台背景。

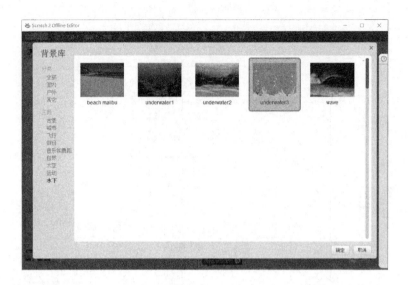

2. 添加小鱼和虾米角色。

从角色库中导入一个"小鱼"角色,即 Fish1。

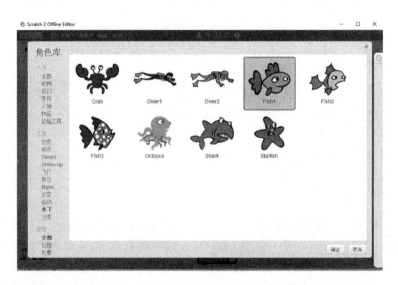

脚本搭建

1. 每次脚本开始时虾米出现的位置都是随机的。

在脚本一开始添加 移到 x: ⓪ y: ⓪ 控件,用 在 ① 到 ⑩ 间随机选一个数 控件将 X 坐标的范围设置为 −240 到 240,Y 坐标的范围设置为 −180 到 180。

2. 虾米游动时快时慢。

在移动控件中添加随机控件，表示步数随机，处于 0~3 之间。

移动 在 **0** 到 **3** 间随机选一个数 步

3. 碰到小鱼就被吃掉。

重复执行，如果碰到小鱼就隐藏，等待 3 秒后重新显示。

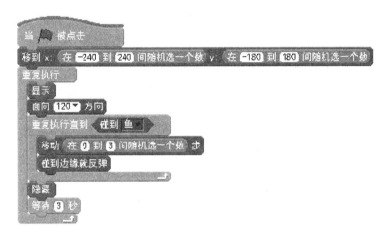

控件说明

所属类别	控件图标	作　用
数字和逻辑运算	在 **1** 到 **10** 间随机选一个数	在设定的两个数值范围内产生一个随机的数值。

实践与创新

给这个脚本添加其他随机效果，如随机颜色、随机方向、随机造型的虾米。

课外实践

运用随机函数控件制作一个"石头、剪刀、布"的游戏。

第12课 美丽的花园

学习要点

● 知识技能目标：掌握画笔模块的相关控件，理解和掌握图章控件的用法及绘图编辑器中角色旋转及中心点的设置。

● 创新能力目标：利用脚本的搭建，培养学生的逻辑分析能力；通过小花园的制作，培养和提升学生的数字艺术创新能力与审美能力。

情景呈现

在 Scratch 中有个神奇的画笔模块，用它不仅可以在舞台上画出各种各样的图形，还可以把角色的图案复制到舞台上。

任务分析

将一片花瓣绕着中心一点旋转，每旋转一次就复制一片花瓣，最终围成一朵花。将一朵花移到舞台区的任意位置并改变花瓣的颜色，不断重复画花的控件，一个小花园就画好了。其流程图如下：

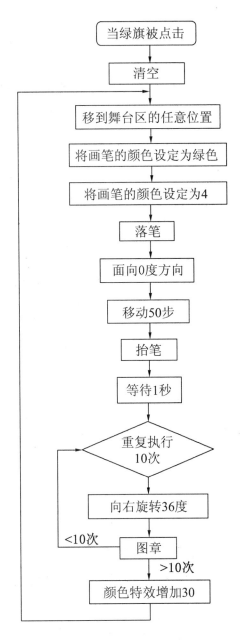

当绿旗被点击

清空

移到舞台区的任意位置

将画笔的颜色设定为绿色

将画笔的颜色设定为4

落笔

面向0度方向

移动50步

抬笔

等待1秒

重复执行10次

向右旋转36度

<10次

图章

>10次

颜色特效增加30

在画花园的过程中，主要完成以下4个任务。

任务需求	图示	解决策略
1. 画花瓣。		使用绘图编辑器中的椭圆、涂色工具画花瓣。

任务需求	图示	解决策略
2. 画花秆。		使用落笔和停笔控件来画花秆,并通过颜色和大小控件来改变线条的颜色和粗细。
3. 画花朵。		设定中心点,运用重复执行控件来实现。
4. 画花园。		使用移动控件和随机控件随机确定花朵每次出现的位置;使用颜色特效增加控件调整花朵的颜色。

搭舞台　创角色

1. 使用空白的舞台作为背景即可。

2. 删除小猫,准备使用绘图编辑器绘制新角色。

脚本搭建

1. 画花瓣。

打开绘图编辑器,选择颜色,使用椭圆工具画出一个空心的椭圆形,再为它填充花瓣的渐变色。并单击"设定造型中心"按钮,调整花瓣的中心点。

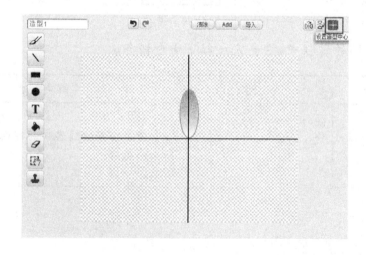

2. 画花秆。

使用落笔控件来显示角色运行轨迹,使用动作模块里的面向控件与移动控件来确定画笔运动的方向和距离,也就是花秆的方向和长度;使用画笔里的颜色控件和大小控件来改变线条的颜色和粗细;再使用停笔控件来停止画图。

3. 画花朵。

圆的一周是360度,要画有10片花瓣的花,应该每旋转36度(360/10 = 36)使用一下图章控件,重复执行10次。为了清除上次运行时留下的痕迹,在前面应加上清空控件。

4. 变花园。

使用重复执行控件不断地执行脚本,在舞台上会不断地盛开鲜花;使用移到控件和随机控件可以随机确定花朵每次出现的位置;使用颜色特效增加控件让花朵每次盛开时都改变颜色。

所属类别	控件图标	作 用
画笔	落笔　抬笔	确定所画线条的起点和终点。
画笔	将画笔的大小增加 1 将画笔的大小设定为 1	设定或改变所画线条的粗细。
画笔	将画笔的颜色设定为 ▮ 将画笔的颜色值增加 10 将画笔的颜色设定为 0	设定或改变线条的颜色。
画笔	将画笔的色度增加 10 将画笔的色度设定为 50	调整画笔的色度。
画笔	图章	把角色的图案复印到舞台区。

实践与创新

1. 画花瓣时如果不调整花瓣的中心点会出现什么情况？

2. 你能用画笔控件结合动作模块里的其他控件画出三角形、正方形或帆船等其他图形吗?

3. 使用画笔模块中的各项控件还能做出什么样的创意动画呢?

课外拓展

关于画笔控件还有很多其他有意思的应用场景,你能用画笔模块中的各项控件设计出万花筒的漂亮图案吗?

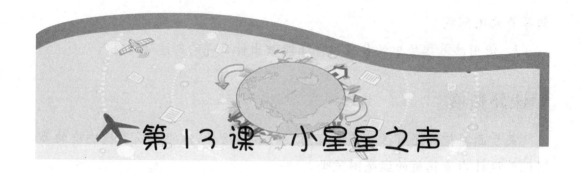

第13课 小星星之声

学习要点

● 知识技能目标：掌握搭建声音控件的要点，进而学会灵活使用声音模块控件。会设置音高、节奏、音量以及进行乐器的选择。

● 创新能力目标：通过制作电子乐器使学生感受 Scratch 图形化程序设计语言编程多元拓展的趣味性，培养学生在数字音乐领域的分析问题、解决问题的能力，初步感受 Scratch 数字音乐创编的魅力。

情景呈现

音乐让人快乐，音乐让人放松，对音乐的喜爱不分年龄……神奇的 Scratch 能模拟乐器，弹奏美妙动听的音乐，今天我们就来做个电子钢琴吧！

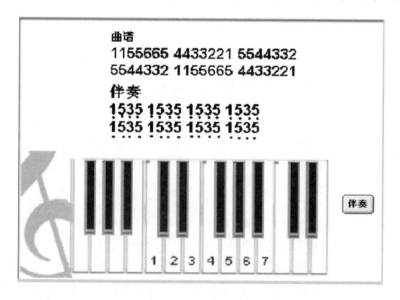

怎样能模拟乐器，弹奏出动听美妙的音乐呢？奥秘就在于神奇的 Scratch 2.0的声音模块。

任务分析

利用乐谱弹奏《小星星》。设置 1~7 数字键代表音符 1~7(do~xi)，让相应的数字键控制相对应的音高，从而实现弹奏音符的效果。其流程图如下：

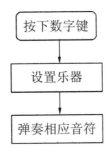

在制作乐器弹奏音符时，主要完成以下 3 个任务。

任务需求	图示	解决策略
1. 设置音高和拍子。	当按下 1 弹奏音符 60 0.5 拍	控制类控件和声音控件的配合使用。
2. 选择想要的乐器。	设定乐器为 1	选择设定乐器控件，可以设定乐器。
3. 编写乐曲。	当 键点击 弹奏音符 60 1 拍 弹奏音符 60 1 拍 弹奏音符 67 1 拍 弹奏音符 67 1 拍 弹奏音符 69 1 拍 弹奏音符 69 1 拍 弹奏音符 67 1 拍	根据简谱编写乐曲。

搭舞台　创角色

1. 导入钢琴和简谱背景。

从本地文件夹导入一个琴键图作为舞台背景。

2. 导入琴键角色。

从本地文件夹导入 7 个琴键角色。

脚本搭建

1. 设置音高和拍子。

选择 do(1) 这个角色,在控制模块中选择当按下空格键控件,拖动到脚本中,并把"空格键"选择项改成"1" 当按下 1▼ 。

拖动 弹奏音符 60▼ 0.5 拍 控件到脚本中。单击"60"旁边的下拉键,在键盘上选择 C(60),设置 do 的音高。以此类推,D(62) 为 re 的音高,E(64) 为 mi 的音高……

对于所演奏音符的拍子,1 表示 1 拍,0.5 表示半拍。

2. 设置乐器。

Scratch 默认的乐器为钢琴,还能用其他乐器来弹奏音乐。为每个角色添加脚本。

3．编写乐曲:1155665。

根据简谱,演奏音符,对于相同的音符可以用复制的方法提高效率,乐曲中有相同的小节,可以采用重复控件,减少脚本冗余。

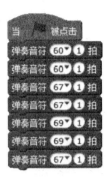

控件说明

所属类别	控件图标	作　用
声音	播放声音 meow 播放声音 meow 直到播放完毕 停止所有声音	让角色播放声音控件。
声音	弹奏鼓声 1 0.25 拍 停止 0.25 拍 弹奏音符 60 0.5 拍 设定乐器为 1	弹奏乐器,设置音高,设定乐器控件。
声音	将音量增加 -10 将音量设定为 100 □ 音量 将节奏加快 20 将节奏设定为 60 bpm □ 节奏	控制音量,改变节奏控件。

1. 设置节奏。

节奏是音乐的重要组成部分,例如,《小星星》一曲比较欢快,节奏就可以加快些,使用 将节奏加快 20 或 将节奏设定为 60 bpm 达到歌曲的表现效果。

2. 添加伴奏。

配上伴奏,歌曲会更动听。尝试给伴奏按钮添加如下脚本,试试其效果。

课外拓展

Scratch 电子琴很神奇吧,你能举一反三对 Scratch 中弹奏音乐的音高、节奏、音量进行设置,以及对乐器进行合理选择,弹奏出不一样的《小星星》吗?

第14课 遵规守纪的蚂蚁

- 知识技能目标：熟练掌握几种不同的颜色侦测和角色侦测,掌握计时器的使用方法,了解逻辑关系中的"不成立"。

- 创新能力目标：在竞争中体验脚本调试优化的过程,锻炼在失败中不断总结反思,寻求精确答案的意志品质;用创新的思维形成解决问题的策略,用多种创新的策略形成解决问题的思路。

情景呈现

蚂蚁是自然界中最遵守纪律的昆虫,蚂蚁的视力很差,但蚂蚁的队伍和前进路线永远是最整齐、最有规律的,那么,为什么每一只蚂蚁都能沿着正确的道路前进呢?

奥秘就在于蚂蚁在行进过程中,会分泌一种"信息素",这种"信息素"会引导后面的蚂蚁走相同的路线。

在前进过程中,如果蚂蚁左边的红色触角闻不到信息素了,蚂蚁就要右转纠正方向;反之,如果右边的绿色触角闻不到信息素,蚂蚁就要左转纠正方向。侦测到目标时应根据需要做出不同的反应。其流程图如下:

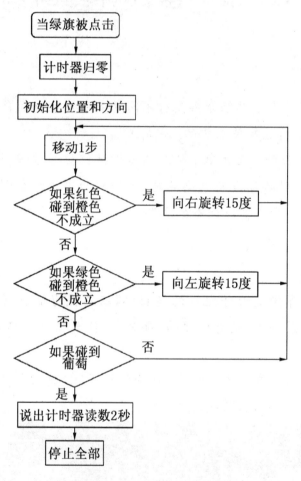

在蚂蚁前进的过程中,主要完成以下4个任务。

任务需求	图示	解决策略
1. 蚂蚁探测轨道。		给蚂蚁的触角上分别添加不同颜色的触感。
2. 蚂蚁不断前进。	—	初始化角色和位置,让蚂蚁不断前进。

任务需求	图示	解决策略
3. 蚂蚁偏离轨道后纠正方向。		如果左边的红色触角闻不到信息素,蚂蚁要右转纠正方向。 如果右边的绿色触角闻不到信息素,蚂蚁要左转纠正方向。
4. 到达目的地。 5. 加入计时功能。	3.36	这两个任务可合并解决。当蚂蚁碰到葡萄后,即到达目的地,游戏结束,同时"说"出花费的时间(脚本开始时加入计时功能)。

搭舞台　创角色

1. 导入背景。

从本地文件夹导入图片,作为背景。

2. 导入蚂蚁角色。

从本地文件夹导入蚂蚁,作为角色。

脚本搭建

1. 蚂蚁探测轨道。

为了便于用触角进行脚本实验,给左右两个触角分别涂上不同的颜色。

2. 蚂蚁不断前进。

加入蚂蚁的初始化脚本,初始化角色的位置和方向。同时让蚂蚁不断前进。

3. 蚂蚁偏离轨道后纠正方向。

给不断前进的蚂蚁加上自动纠正功能,如果左边的红色触角闻不到信息素,蚂蚁要右转纠正方向;如果右边的绿色触角闻不到信息素,蚂蚁要左转。

4. 到达目的地。

如果蚂蚁碰到葡萄,即到达目的地,游戏结束。

5. 加入计时功能。

在到达终点的同时,用说话控件将时间显示出来;同时在脚本的开始添加一个计时器归零控件。

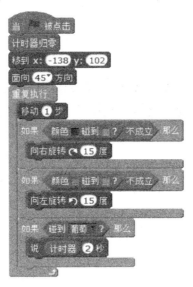

控件说明

所属类别	控件图标	作　用
侦测	计时器归零	将计时器的值设置为0,把计时器看作为系统预设的一个变量。
侦测	计时器	计时,在说出计时器读数的时候,显示计时器的数值。
数字与逻辑运算	不成立	表达否定的逻辑关系。

实践与创新

1. 用程序实现"最勤快工蚁标兵大赛"的游戏设计,比比哪只蚂蚁速度快!

2. 思考和分析脚本中影响蚂蚁速度的控件和数据,调试脚本使蚂蚁不仅速度快,又能安全抵达目的地。注意以下提示:

（1）增加移动的步数。

（2）转弯力量的控制。

（3）蚂蚁触角的间距。

（4）用"多任务"的方法提高执行效率。

课外拓展

1. 若因下雨或者其他原因导致信息素中断，蚂蚁怎样做才能不迷路？

2. 蚂蚁队伍的数量过于庞大，成千上万只匆匆忙忙的蚂蚁，怎样可以做到互相避让？

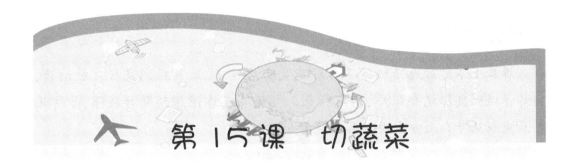

第15课 切蔬菜

学习要点

● 知识技能目标：熟练掌握几种不同的颜色侦测和角色侦测，掌握计时器的使用方法，了解逻辑关系中的"不成立"。

● 创新能力目标：学会脚本调试优化的基本方法，锻炼在失败中不断总结反思，寻求精确答案的意志品质；用创新的思维形成解决问题的策略，引导学生用多种创新策略去解决问题。

情景呈现

"切水果"是一款敏捷类游戏，其操作流畅，考验玩家的反应速度，曾经风靡一时，使用 Scratch 也可以模拟这款游戏！

屏幕上不定时地随机掉下各种蔬菜和炸弹,当蔬菜碰到鼠标就被切开,当炸弹碰到鼠标就会爆炸,游戏结束。当蔬菜或炸弹落到舞台底部,等待几秒后重新从舞台上方出现。其流程图如下:

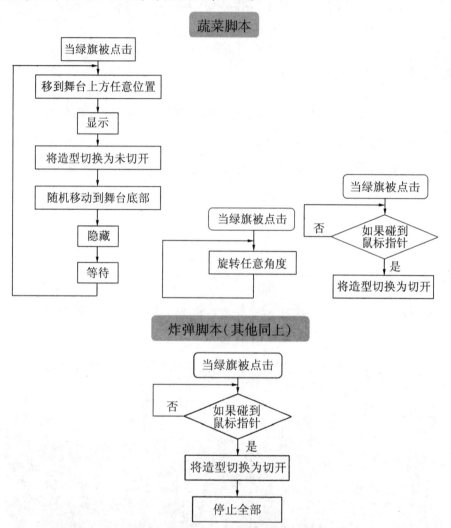

制作"切蔬菜"这个游戏,主要完成以下4个任务。

任务需求	图示	解决策略
1. 蔬菜和炸弹掉落。		各种蔬菜和炸弹随机出现在舞台区并随机掉落到舞台底部,等待随机秒数重复执行。
2. 蔬菜和炸弹旋转。		重复执行旋转控件。

任务需求	图示	解决策略
3. 蔬菜和炸弹被切开。		使用侦测控件,碰到鼠标指针时切换造型。
4. 游戏结束。		使用侦测控件,碰到鼠标指针时切换造型,并停止所有脚本。

搭舞台　创角色

1. 导入菜园背景。

从本地文件夹导入舞台背景,也可以选择喜欢的图片作为背景。

2. 导入蔬菜和炸弹角色。

从本地文件夹分别导入各种蔬菜和炸弹角色,也可以自己动手绘制。并且为每个角色都准备两个造型,一个是完整的造型,一个是被切开的造型。

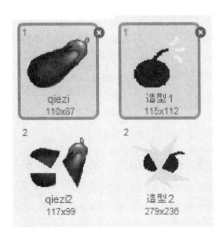

脚本搭建

1. 蔬菜和炸弹掉落。

显示蔬菜和炸弹完整造型，出现在舞台上方任意位置，并以随机速度掉落到舞台下方，然后隐藏。

2. 蔬菜和炸弹旋转。

蔬菜和炸弹在掉落的同时重复执行旋转，每次旋转的角度都是随机的。

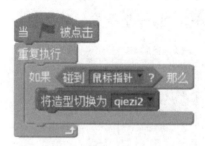

3. 蔬菜和炸弹被切开。

重复执行蔬菜和炸弹如果碰到鼠标指针，就切换成被切开的造型。

4. 游戏结束。

重复执行如果炸弹碰到鼠标指针，就切换为被切开的造型并停止全部脚本。

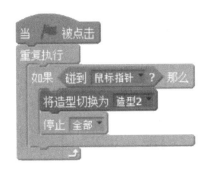

所属类别	控件图标	作　用
侦测	碰到 鼠标指针 ?	侦测鼠标指针

侦测模块能够帮助脚本侦测某角色的各种状态,包括颜色、位置、数量值和音量等。通过侦测来确定脚本的走向。该类控件不能单独使用,必须与其他控件配合起来才能起作用。该控件常常被嵌入其他控件的菱形框中。

实践与创新

如何优化脚本,让游戏的脚本变得更简化?

课外拓展

你能为这个游戏增加些难度吗? 例如,让随机出现的蔬菜一会大一会小;在某个蔬菜掉下来的过程中,随着高度的下降,蔬菜的个头也越来越小。

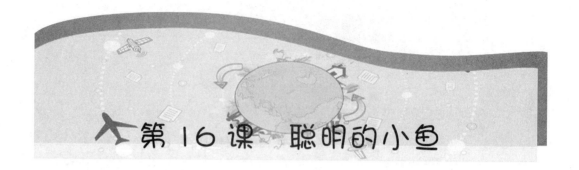

第16课 聪明的小鱼

- 知识技能目标：认识变量的概念；掌握变量新建及应用的方法与技巧。
- 创新能力目标：以创编抓鱼游戏激发学生探索知识的兴趣，通过变量的引入，引导学生对于可变事务进行多元解决，从而培养学生的计算思维及创新实践能力。

"小鱼吃虾米"游戏大家都会制作，可你能实现记录下在指定的时间中一共抓了多少只虾吗？

在指定的时间内记录鱼能捕捉到多少只虾，需要用"变量"来实现。在本课中，应用变量来记录在规定时间内抓的虾的数量。其流程图如下：

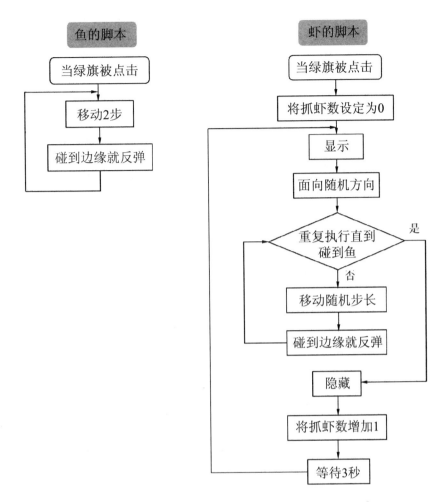

鱼的脚本

当绿旗被点击

移动2步

碰到边缘就反弹

虾的脚本

当绿旗被点击

将抓虾数设定为0

显示

面向随机方向

重复执行直到碰到鱼 是

否

移动随机步长

碰到边缘就反弹

隐藏

将抓虾数增加1

等待3秒

为了实现这一目标,主要完成以下4个任务。

任务需求	图示	解决策略
1.完成"小鱼吃虾米"脚本的搭建。		用侦测与重复脚本来实现。
2.新建变量"虾米数"。	数据 新建变量 新建链表	在数据模块中新建变量。

任务需求	图示	解决策略
3. 设置初始值与增加值。	将 抓虾数 设定为 0 将 抓虾数 增加 1	设定变量的初始值和增加值。
4. 应用"倒计时"法。	将 时间 设定为 10 重复执行直到 时间 = 0 等待 1 秒 将 时间 增加 -1	利用计数器原理实现在规定时间读出小鱼吃虾数。

脚本搭建

1. 完成鱼脚本的搭建。

鱼在水中游动,碰到边缘就反弹。

2. 完成虾米脚本的搭建。

虾在水中自由移动,如碰到角色鱼就隐藏,代表虾被鱼吃了。

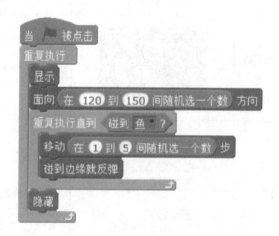

3. 新建变量。

通过变量来记录鱼共吃了多少只虾。其方法如下:在"数据"模块中选择

"新建一个变量",出现弹出窗口,输入变量名,如"抓虾数"。

在窗口中同时有两个选项,分别是"适用于所有角色""仅适用于当前角色",其中"适用于所有角色"代表该变量能适用于该任务的所有角色;"仅适用于当前角色"代表该变量只能适用于选中的角色。

在本例中,选择"适用于所有角色"。此时在"新建一个变量"下方会出现四个与"抓虾数"相关的控件。

将"抓虾数"前后打钩,此时舞台就会将"抓虾数"的值显示出来 。

4. 用变量"抓虾数"来记录抓虾的数量。

可将"抓虾数"的初始值定为0,表示从基数0开始。当鱼"抓"到虾时,将变量"抓虾数"的值增加"1"。具体操作:选择角色虾,将设定初始值控件和增加值控件添加在脚本的特定位置中。

脚本运行后,就可以在舞台上看到鱼抓到的虾的数量了。

控件说明

变量是用来存储数字的"盒子"。比如说,小朋友的爸爸会不定期地在银行中存钱和取钱,那么他爸爸账户的余额就是一个"变量",用它专门记录他爸爸账户的余额。在本课中要新建两个变量,分别是"抓虾数"和"时间"。

所属类别	控件图标	作　用
数据	☑ 抓虾数	可对新建的变量进行重命名和删除操作。
数据	将 抓虾数 设定为 0	将变量初始值设定为某个值。
数据	将 抓虾数 增加 1	将变量增加某个值。
数据	显示变量 抓虾数 隐藏变量 抓虾数	显示或隐藏"变量"值。

实践与创新

1. 你能读懂下面的脚本吗? 思考几秒后脚本结束?

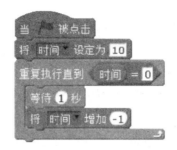

2. 新建变量"时间",能统计出小鱼在 5 秒内共吃了多少只虾吗?

课外拓展

你能用同样的方法制作"打地鼠"游戏吗?要求记录出 10 秒内共打了多少只地鼠。

第17课 反应测试器

学习要点

- 知识技能目标：了解链表使用的目的及意义，区分链表同变量的不同作用。了解量化测量人体反应时间的方式。学习掌握链表存取数据的基本方式方法。组合运用链表存取实现求和、求平均值的算法。

- 创新能力目标：培养学生为解决问题构建模型的抽象思维能力，让学生学会活用算法思维解决实际测量的不稳定性问题，通过对算法的熟悉，进一步优化创新计算方法，实现创新思维的进阶培养与提升。

情景呈现

要想知道反应的快慢，需要采用一定的测量方法，通过多次反复测量才能综合数值，准确得出反应时间数据。这里用 Scratch 来构建这样的测试实验。

任务分析

构建在随机时间随机位置出现的小球，通过计时器记录从出现小球到测试者点击鼠标的时间，将其作为一次反应的测量时间，多次测量后将这些结果进行累加求平均值，进而得出更为准确稳定的反应时间。其流程图如下：

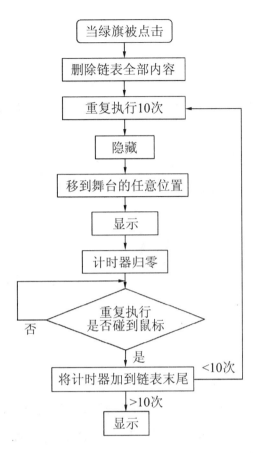

在测反应的过程中，主要要完成以下4个任务。

任务需求	图示	解决策略
1. 构建测量反应时间的基本模型。	显示 开始计时　点击鼠标 计时结束　反应时间	随机出现球体时开始计时，点击鼠标时记录下时间。
2. 多次测量反应数据。	—	循环反复多次出现球体，点击鼠标测量时间。
3. 将多次记录进行保存。	新建变量 新建链表 ☑ 多次反应时间	通过新建一个链表实现将每次的数据都进行保存。
4. 求得平均数。	平均数＝累加和/次数	将每次记录的时间进行累加后除以次数，得出平均数。

搭舞台　创角色

1. 设置背景。

开始设置空白舞台,在后续复杂测试时可以再添加舞台背景,用以迷惑测试者。

2. 导入篮球角色。

从角色库导入一个"篮球"角色,即 Basketball。

脚本搭建

1. 构建测量反应时间的基本模型。

先让球体隐藏并随机出现,利用计时器记录下每一次从屏幕出现小球开始到小球被鼠标点击到的时间间隔,重复执行直到满足执行次数条件为止,说出计时器的时间并显示出来。

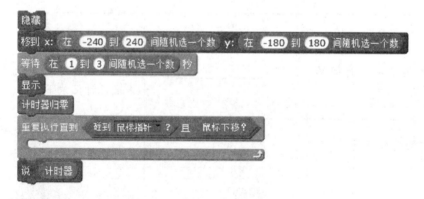

2. 多次测量反应数据。

用重复控件记录 10 次数据。

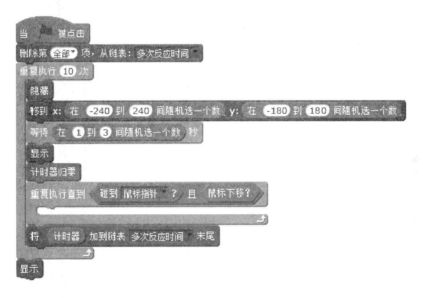

3. 将多次记录进行保存。

新建一个链表(如"多次反应时间"),然后将计时器加入多次反应时间链表,并使用删除链表控件清除数据。

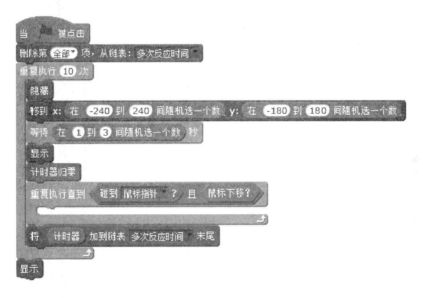

4. 计算求平均值。

新建变量,i 用来表示数据第几项,sum 表示数据总和,avr 表示数据平均值,利用重复执行控件让 i 从 1 增加到 10,读出链表的每一条数据并累加到 sum 变量中去,像这样重复 10 次(即链表长度),将 sum 除以链表长度(即10),就可得到平均数 avr。其流程图如下:

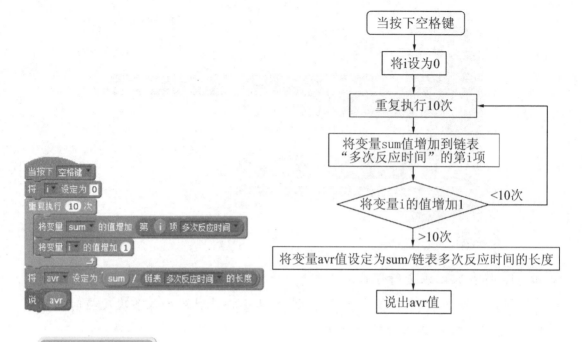

控件说明

链表在变量模块中,通过新增链表控件可以新建链表,链表可以一次性按序存储同类多个数据,数据会按顺序依次进入对应存储空间,每个数据用链表名和对应次序号作为标示。

所属类别	控件图标	作　用
数据	新建变量 新建链表	新建、删除一个链表。
数据	将 thing 加到链表 多次反应时间 末尾	按顺序向链表中添加数据项,每添加一次,数据项指针自动后移,数据项也越来越大。
数据	删除第 1▼ 项,从链表: 多次反应时间 1 末尾 全部	删除链表中的某一项或者所有数据。
数据	第 1▼ 项 多次反应时间 1 末尾 随机	将链表的某一项数值读取出来。
数据	链表 多次反应时间 的长度	输出链表的数据项个数。

实践与创新

1. 如何精简优化脚本,让统计的数据更加准确、科学?

2. 思考和分析脚本中链表求取的平均时间是否科学地反映了人的真实反应时间,能否再优化脚本。注意以下提示:

（1）如何排除偏离值大的数据。

（2）如何比较长短测试时间和长短等待时间下人的反应差别。

（3）程序运行占用时间的测算和扣除。

（4）角色对于测试的影响。

课外拓展

1. 可以添加干扰因素,让人在有球、炸弹等混乱的图像画面中找到球并点击;或者变换球的大小设置难度。如何实现呢?

2. 能否利用其他输入、输出设备来测量人对于不同图像、声音的反应?

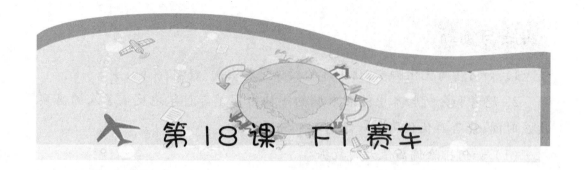

第18课 F1赛车

● 知识技能目标：综合运用控制按键、广播、侦测、逻辑判断、随机数、坐标和计时器等知识点。将"变量"的知识点应用于实例当中，使得赛车可以加速、减速，碰到障碍物速度发生变化；实现游戏倒计时功能。

● 创新能力目标：将单个知识点灵活运用于综合实例，培养学生综合应用各种知识解决实际问题的能力，通过联系、联想的方式加强创新设计游戏的能力，提高学以致用的能力。

情景呈现

F1（世界一级方程式锦标赛）是当今世界最高水平的赛车比赛，与奥运会、世界杯并称为"世界三大体育赛事"。F1是世界上速度最快、科技含量最高的运动，F1赛车与普通汽车无论是在操控上还是在技术上都存在着天壤之别。那么，如何模拟F1赛车的油门控制效果呢？"变量"可以帮我们实现。

在F1赛车案例中，F1赛车行驶在曲曲折折的赛道上，会遇到各种突发情况，比如冲出赛道进入草地、误入水潭等。面对不同的情况、速度和方向，是否均需要进行灵活的调整呢？答案是肯定的。

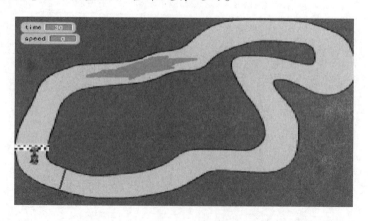

任务分析

按下空格键开始,按上移键赛车加速,按下移键赛车减速,按左右键控制方向。当赛车遇到草地的时候自行减速,遇到水潭的时候发生抖动。应在预定的时间内顺利到达终点,否则超时结束。其流程图如下:

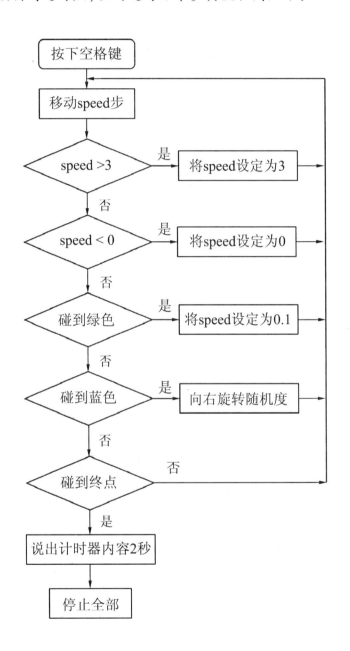

在赛车的行驶过程中，主要完成以下 3 个任务。

任务需求	图示	解决策略
1. 赛车启动以及在行驶过程中实现加速和减速。		按空格键，给速度赋初始值 0；按上移键，赛车加速 0.2；按下移键，赛车减速 0.4（上限速度为 3、下限速度为 0）。
2. 赛车遇到草地或水潭时车体产生抖动效果。		碰到草地，赛车速度会降低；碰到水潭，赛车会抖动（用到侦测、变量和随机数）。
3. 记录车到达终点的用时，实现比赛的倒计时功能。	10.71	赛车行驶至终点，说出用时；赛车在途中遇到障碍会耽误时间，倒计时 30 秒耗尽时自动终止比赛（区别计时器和变量计时）。

搭舞台　创角色

1. 运用画板功能绘出赛道，注意宽度以及颜色的搭配；确定起点的位置，并在赛道中设置障碍"水潭区域"。

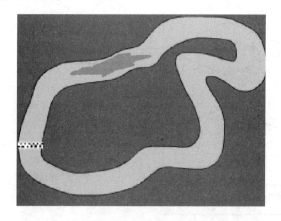

2. 可以在网上下载一幅"赛车俯视图"，在画板中将其设置为透明背景。另外还需要创建一个终点角色和时间结束时的提示角色。

终点

Game Over
时间到！

脚本搭建

1. 赛车启动，完成加速、减速。

新建一个变量 speed，当按下空格键的时候，对变量赋初始值，且赛车移到起始位置。按上移键一次，变量 speed 由 0 增加 0.2 使赛车启动，接下来可通过按上移键持续加速；而按下下移键一次速度减少 0.4，实现减速。为考虑合理运行，可设定速度的上限值为 3、下限值为 0。

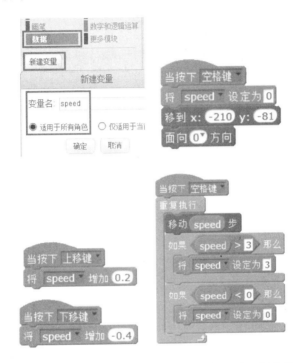

上移键、下移键分别用于加速、减速，左移键和右移键控制赛车旋转角度来实现方向转动。

2. 赛车在途中遇到障碍，最后到达终点。

颜色侦测：赛车遇草地，速度降低（数值变化）；赛车遇水潭，方向抖动（角度随机）。

角色侦测：到达终点碰到角色"终点线"，说出计时器内容。

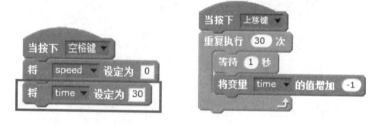

3. 比赛时间的把控。

新建一个变量 time，按空格键赋初值30，表示从30秒开始倒计时。当赛车出发的时候，倒计时开始。

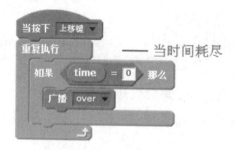

当时间耗尽而未达终点时，提示终止。

所属类别	控件图标	作　用
数据	将 speed ▾ 设定为 0	给变量赋定值(初始化)。
数据	将变里 speed ▾ 的值增加 1	设定变量值的变化。
数字和逻辑运算	> =	用来表达大小的逻辑关系。

实践与创新

1. 通过赛车游戏的制作掌握变量运用后,思考还有哪里可以使用变量。

2. 将游戏难度加大,增加新赛道,设计"闯关"模式,在判断"是否可以进入下一关赛道"的时候,"变量"又可发挥什么作用呢?

课外拓展

除了比赛,生活中可以用到计时、计数的场合还有很多,想想看还有哪些地方可以用到"变量",试着通过编程的方式实现,让变量概念在计算思维中继续体现价值。

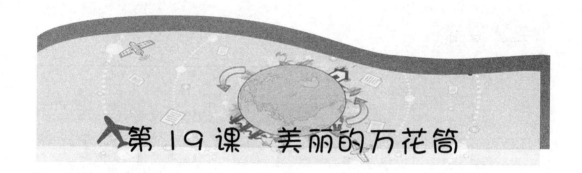

第19课　美丽的万花筒

● 知识技能目标：掌握新建功能模块的方法，学会为功能模块指定参数及创建脚本，掌握调用自定义功能模块的方法。

● 创新能力目标：通过搭建和调用自定义功能模块脚本，让学生掌握模块化编程的算法及设计理念，使学生养成良好的编程素养，为大型复杂程序的脚本设计创新打下扎实的基础。同时在图形的绘制上，采用数形结合的设计理念，让学生感受在数字创意设计中图形变化的无穷魅力。

情景呈现

千变万化的万花筒，真的很神奇，万花筒里的图案也非常美丽。

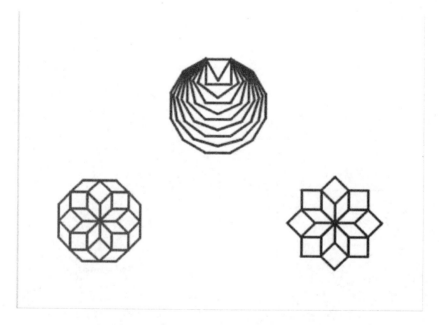

这些美丽的万花筒中的图形，可以用 Scratch 2.0 快速地画出，奥秘就是

Scratch 2.0 中的自定义功能模块。

先定义一个自定义功能模块,设置参数,然后调用自定义模块。其流程图如下:

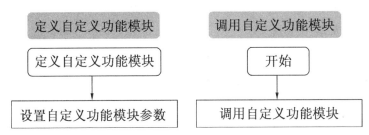

在画图案的过程中,主要要完成以下 2 个任务。

任务需求	图示	解决策略
1. 定义功能模块(定义过程)脚本。	数据　更多模块 新建功能块 添加扩展	用定义功能模块的方法定义画多边形模块脚本。
2. 快速调用定义好的功能模块。	定义 正方形 number1 正方形 10	调用功能模块。

搭舞台　创角色

1. 将舞台当作画布。
2. 将小猫当作画笔。

控件说明

1. 新建一个功能模块。

选定一个角色,这里就用"小猫"角色,为这个角色创建新的功能模块。单击"更多模块",再单击"新建功能模块",弹出"New Block"。

输入模块名称，如上图所示，单击"选项"，展开后，可以选择参数。

2. 为功能模块指定参数。

选项展开后有三种参数：数字参数、字符串参数和布尔参数，还有一个文本标签，这里使用数字参数和文本标签。

脚本搭建

1. 定义画正多边形功能模块脚本。

定义模块脚本的方法与为角色搭建脚本的方法类似，以下就是定义的"正多边形边长为 number1 边数为 number2"功能模块的脚本。

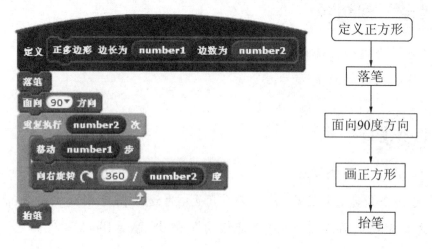

2. 调用新建的功能模块。

将定义好的功能模块控件拖动到当绿旗被点击控件下,点击绿旗就可调用。其流程图如下:

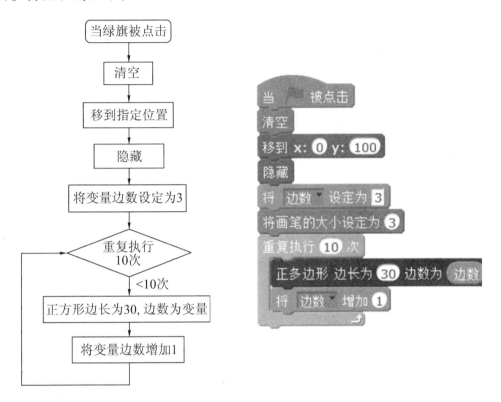

3. Scratch 2.0自定义模块不用重复搭建相同的脚本,很省力;而且可以无数次地调用定义好的过程,很方便。

实践与创新

1. 请比较两种宝石花图形的区别,定义不同的功能模块,通过调用模块画出这两种宝石花。

宝石花1   宝石花2

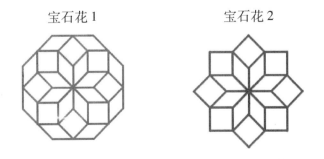

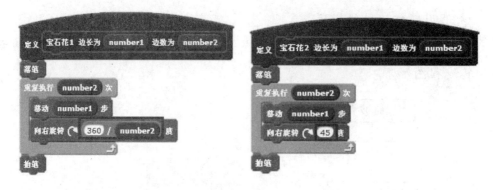

2. 你能通过定义功能模块,并调用模块画出边数不同、每条边的颜色不同、形状各异的美丽图形吗?

课外拓展

还可以定义多个功能模块,多次调用,或者使用过程嵌套,画出更多的类似于万花筒中的图形的奇妙、美丽的图形,大家可以发挥想象,动手试一试。

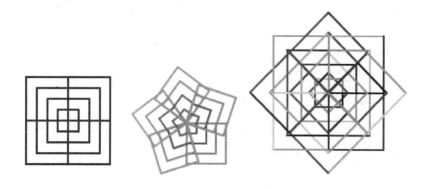

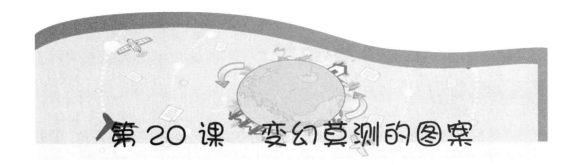

第20课 变幻莫测的图案

- 知识技能目标：了解递归的含义和递归的常用格式，了解递归的优点。
- 创新能力目标：利用递归的设计理念，培养学生高阶的逻辑分析与模块设计能力，通过对于复杂重复图形的分析，培养学生透过问题看本质的能力，通过递归结构的变化，突破性地画出漂亮且复杂的图案，进一步提升学生的数形创作能力。

情景呈现

很多美丽的图案都是有规律的，只要仔细观察，找到规律，就能成功画出这些图案。

虽然这些图案看上去非常复杂,但是通过 Scratch 2.0 的递归算法,只需要很少的时间就能很容易地画出这些图案。

任务分析

　　这些图案都是由一个基本形状不断重复形成的。具体实现方法是:画笔前进 20 步,然后旋转 90 度,判断范围是否超出,如果没有超出,就增加一定距离画同样的图案。如此重复,直到超出范围,脚本停止运行。

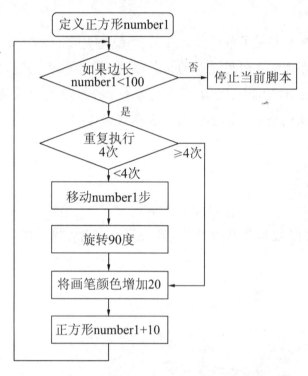

流程图:
- 定义正方形number1
- 如果边长 number1<100 —否→ 停止当前脚本
- 是
- 重复执行 4次 —≥4次→
- <4次
- 移动number1步
- 旋转90度
- 将画笔颜色增加20
- 正方形number1+10

　　在画图案的过程中,主要完成以下 4 个任务。

任务需求	图示	解决策略
1. 画图初始化。		抬笔移到舞台中心,调整画笔大小并落笔。
2. 用递归依次画正方形。		重复执行 4 次前进并转弯 90 度,然后增加前进的距离(递增与递减有区别)。

任务需求	图示	解决策略
3. 加入变色功能。		特效控件可以加在脚本中的不同位置，效果也不同。
4. 递归画螺旋形图案。		重复前进加转弯一定角度，然后增加前进的距离。

搭舞台　创角色

1. 从本地导入背景图片作为舞台背景，也可以用纯色作为背景，颜色都以清淡为主。

2. 可以使用默认角色小猫，也可以从角色库中导入一个喜欢的角色。

脚本搭建

1. 搭建画图初始化脚本。

当绿旗被点击，先清空屏幕，将小猫抬笔移动到舞台中心，将画笔的大小设定为3，落笔，最后调用画图过程。

2. 画大小不同的正方形。

单击"更多"模块，新建功能块，输入模块名称，点击选项，添加一个数字参数，最后单击确定。

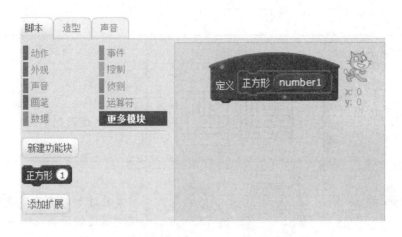

递增:如果正方形边长小于100,就不停地画正方形,画好一个后,用递归的方法调用自己,边长增加10。

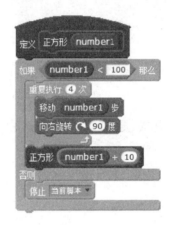

递减:如果正方形边长大于100,就不停地画正方形,画好一个后,用递归的方法调用自己,边长减少10(小于号换成大于号,加号换成减号)。

3. 加入变色功能。

将画笔的颜色增加20,要注意在循环结构的不同位置,效果也不同。

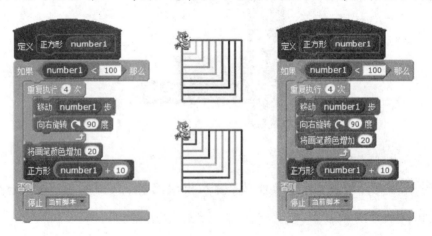

4. 画螺旋形图案。

通过不同的旋转角度可以画出风格迥异的漂亮图案。

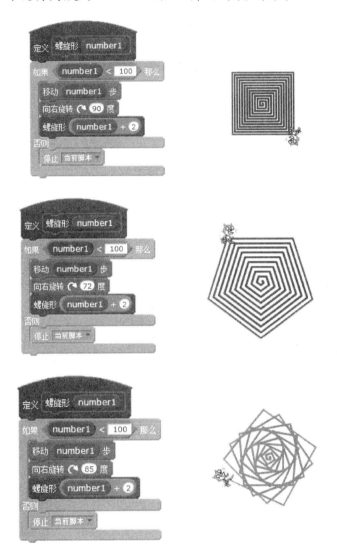

递归:就是脚本在运行的过程中调用自己。

递归的优点:代码简洁清晰,容易理解。

构成递归需具备的条件:子问题须与原始问题做同样的事。不能无限制地调用本身,须有个出口,达到某种条件就退出。

实践与创新

在脚本的末尾调用自己的形式,叫尾递归。还有一种为中间递归,它是在尾递归的基础上深化而成的,它是在尾递归完成后,再变化上面的数值按相反顺序执行的一个过程,典型的例子就是二叉树。

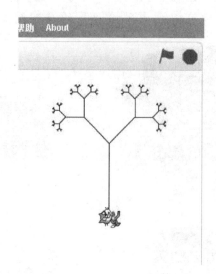

课外拓展

百度搜索一下 logo 语言的中间递归程序,并把脚本改写为 Scratch 的脚本,试试画出二叉树。

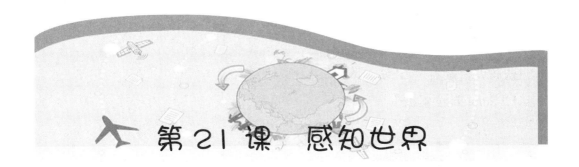

第21课 感知世界

● 知识技能目标：了解掌握 S4A 的软硬件基本知识，连接设备及传感器、安装驱动、检查端口，熟悉程序界面及对应的 S4A 控件，实现基本通信；实现根据传感器数值让角色变换效果的基本算法。

● 创新能力目标：培养学生运用程序设计思维，结合硬件外设，解决虚实结合的实践问题，用创新的思维创作出多样、有趣的作品。

情景呈现

将 Scratch 动画中的虚拟世界与真实世界的声、光、热联系起来，做有感知的动画。

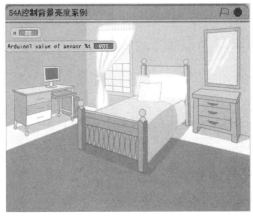

做感知动画需要一个外设硬件，但这个外设硬件不同于麦克风，它是由传感器和控制器组成的，程序会启用专门定制的 Scratch 进行开发，这类Scratch 硬件及程序叫作 S4A。

初识硬件

认识几种硬件控制板。

1. Scratch 控制板。

Scratch 控制板自带声音、光敏、滑杆、按钮等传感器及 LED 指示灯显示模块，内置 2 个电机输出端口及 A、B、C、D 四组 3P 输入端口，能与 Scratch 程序直接通信，并获取数值或驱动外设硬件。

2. Arduino 板。

Arduino 板是一块开源的主板，使用者可以自由地搭接各类传感器、马达伺服、灯泡喇叭甚至家庭电器、手机等，可以让有想法的人更方便地创造个性化的数字生活用品。

Arduino 板有 14 个数字口和 6 个模拟口。模拟口的 0 ~ 5 号对应程序里的 analog 1 ~ 6，黑色 GND 是地线接口、红色 5V 是电源线接口、黄色 AIN 是信号线接口。

3. 斯泰姆控制板。

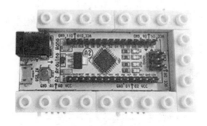

斯泰姆控制板是一块开源的主板,使用者可以自由地搭接各类传感器、马达、舵机、发光二极管、蜂鸣器等各种输出,帮助其更方便地发挥自己的创意。其上有电源线接口、COM 口、两路输入 A1A0 和 D2D3,三路输出 D4D7、D5D6、D10D11,其中每两个端口被固定在一起,如果觉得端口不够,还可以接拓展板。此编程板采用了磁吸附瞬动连接,方便快捷且保证了安全性,其外壳与乐高积木尺寸相同,可与乐高完美结合。

4. Makeblock 控制板。

Makeblock Orion 是一个基于 Arduino Uno、针对教学用途、升级改进的主控板。它拥有强大的驱动能力,输出功率可达 18W,可以驱动 4 个直流电机。其精心设计的色标体系与传感器模块完美匹配,8 个独立的 RJ25 接口轻松实现电路连接,非常方便于用户使用。厂家还提供了两种 Scratch 升级版的图形编程工具,即 mBlock 和 MakeblockHD。

安装连接设备

1. 驱动安装。

所有类型的 Scratch 外设连接都必须有硬件驱动,只不过是有的免驱安装,有的需要手动安装。

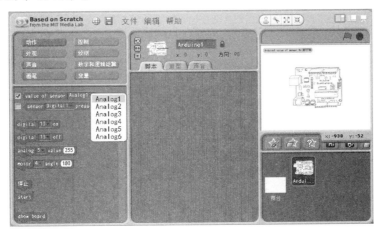

以 ArduBits 为例，需要运行驱动文件夹"CH341SER – 官方"中的"SET-UP. EXE"安装文件，单击"安装"按钮，直至安装成功。

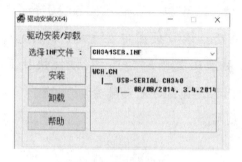

对 Arduino 控制板需要采用驱动更新的方式，先单击更新驱动程序。

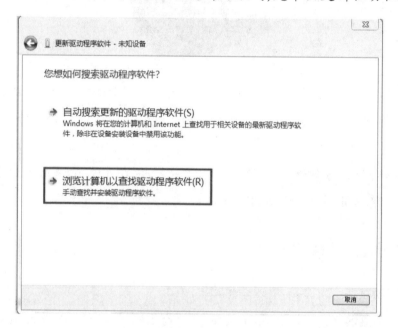

再浏览计算机，指定驱动存放的文件夹。

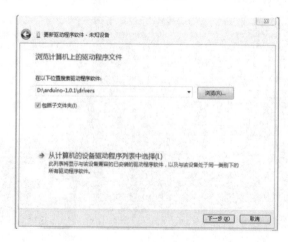

2. 连接设备及传感器,检查端口。

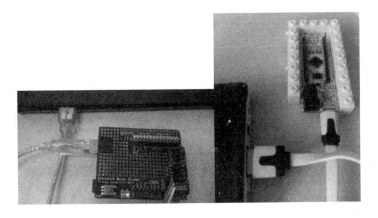

将编程控制板通过 USB 数据线正确地连接至计算机,并检查设备端口是否加载正常。

Arduino 控制板加载状态

- ◢ ⎁ 端口 (COM 和 LPT)
  - ⎁ Arduino UNO R3 (COM10)

斯泰姆控制板加载状态

- ◢ ⎁ 端口 (COM 和 LPT)
  - ⎁ ECP 打印机端口 (LPT1)
  - ⎁ USB-SERIAL CH340 (COM5)

3. 打开软件检查通信。

打开 S4A 程序,当设备连接上主机且通信正常后,在 S4A 的舞台界面中的端口监测里就会出现如下图所示的数值跳动。

任务分析

先让传感器获取外部光线传感数据,通过运算将这个数据缩小到亮度的范围(−100 ~ 100),再将这个数据赋予背景变量。其流程图如下:

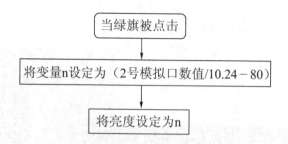

在感知的动画中,主要要运用 S4A 的软硬件完成以下 4 个任务。

任务需求	图示	解决策略
1. 选择能判断光线的传感器并连接控制板。		寻找传感器时,能找到一个跟光线有关的叫"光感"或"光敏传感"的传感器,它能感受光亮度并转换成可用输出信号,将它和控制板连接起来。
2. 寻找能采集传感器对应值的控件。	value of sensor Analog2	遮蔽或者照射光感,在端口检测窗中发现有较大变化的为 analog2。
3. 让舞台感应到光线的变化。		将采集的值通过变量赋值与舞台背景亮度对应上。
4. 将实际的亮度范围与舞台的亮度范围调整合适。	光度值 0 1 2 ○ 1024 → 背景亮度 -100 -99 -98 ○ 99 100	通过除法、减法运算及取整处理将范围从 0～1024 缩减到 -100～100,再根据实际情况适度调整。

搭舞台 创角色

1. 连接光感,观察数据。

将光感通过连接线或磁吸连接至控制板,通过遮蔽或者照射光感观察确认使用的为 analog 端口,确保程序调用正常。

以斯泰姆为例,图中它连接的端口就是 analog2。

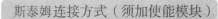

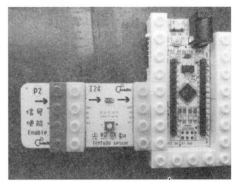

2. 添加一个用于控制亮度的背景图片,添加一个变量n,用于将获取的光感值传递给亮度参数。

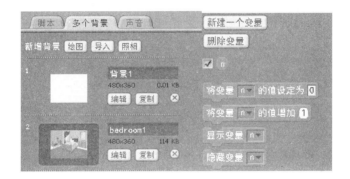

脚本搭建

1. 获取实时光感数据。

利用重复循环侦测光感值,将其赋值给变量n,并将其设置成背景的亮度,测试变化光亮后的背景变化效果。

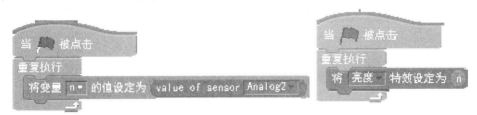

2. 调整变量范围使之符合亮度参数。

光感传入信号范围是 0 ~ 1024,亮度参数范围是 −100 ~ 100,出现始终过亮无法变暗的情况。可以将传入信号按比例缩小并减去一定数值实现感光比较明显的效果，如以下脚本：

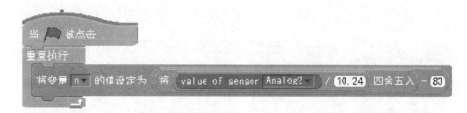

控件说明

在 Scratch 软件基础上拓展了硬件模块，这些模块被放置在动作模块中，其中这些控件的作用如下：

所属类别	控件图标	作 用
动作	value of sensor Analog0	模拟端口的侦测数值。
	sensor Digital2 pressed?	检测数字传感端口 1、2 是否被按下。
	digital 10 on digital 10 off	数字输出口启动、关闭。
	aralog 5 value 255	用数字口 pwm 模拟输出。
	motor 4 off	马达伺服舵机关闭。
	motor 4 direction clockwise	给出马达舵机旋转的方向。
	motor 8 angle 180	给出舵机的角度。
	reset actuators	重置主控板。
	stop connection resume connection	断开通信连接、重置通信连接。

实践与创新

1. 开展"最优动画效果大赛"，比比哪个同学的背景动画感光效果最好。

2. 思考和分析脚本中有哪些因素会影响光感效果,调试脚本使动画既能明显变化又不会有跳跃感。

注意以下提示:

(1)增加时间等待。

(2)缩放比例的控制。

(3)减数的变化。

(4)实际光环境的影响。

课外拓展

关于 S4A 我们还可以设计很多有意思的动画作品,例如:

1. 利用光感控制实现其他动画效果。

2. 利用其他传感器代替光感实现动画效果。

请你也来试一试吧!

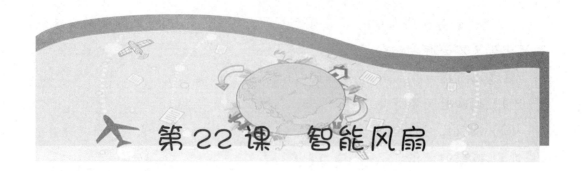

第22课 智能风扇

● 知识技能目标：了解斯泰姆EC2教学套件中的积木分类及用途；了解EC2教学套件中的功能模块（颜色、分类、功能等）；学会利用积木零件进行组装和搭建；能根据目标任务合理选择功能模块。

● 创新能力目标：通过逻辑分析、积木搭建，激发学生对于软硬件作品设计的想象力和创新力；通过智能风扇的制作，让学生在具体的任务中，提高创新实践与解决问题的能力。

情景呈现

暑假里的一天，满头大汗的明明打完篮球回到家中，迫不及待地跑到风扇面前，只见他说了一声"开"，顿时阵阵凉风扑面而来，好不惬意。随后明明又通过手动和遥控操作对风扇其他一些功能进行了切换。

你看见过或想象中的风扇还能有哪些智能化功能呢？Scratch可以帮助设定这些功能。

任务分析

搭建风扇的外形,给风扇增加开关功能,并分别制作调速、光感功能。其流程图如下:

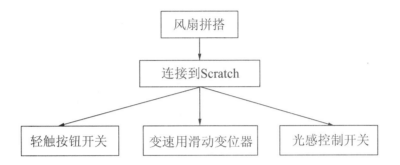

风扇外形拼搭

1. 使用斯泰姆 EC2 创客基础教学条件,完成风扇外形的拼搭,用电机连接风扇扇叶。

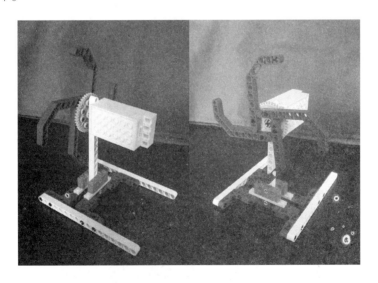

2. 连接控制板,并使用数据线连接到计算机,打开 Scratch,测试是否正常连接。

脚本搭建

1. 实现轻触按钮开关功能。

将控制板的 D10D11 接口连接到电机,将 A1A0 接口连接至轻触按钮

（Button）模块,在轻触按钮模块的另一端连接信号使能模块。

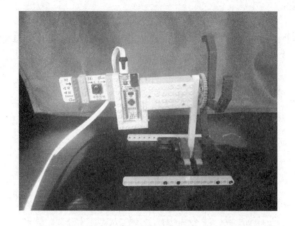

当绿旗被点击,将变量开关设定为0,重复执行侦测A0A1接口的值是否大于0,如果大于0,则将变量开关的值增加1,如果变量开关的值等于1,则启动电机打开风扇,否则关闭,实现开关功能。

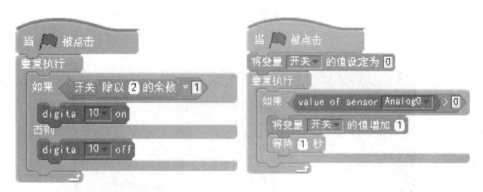

2. 实现滑动变位器变速功能。

将电机连接到控制板D5D6接口,将滑动变位器(Slide Dimmer)模块连接至控制板的A0A1接口,在滑动变位器模块的另一端连接信号使能模块。

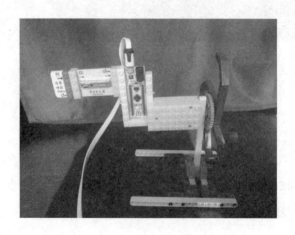

当绿旗被点击,滑动变位器改变输入值,重复执行将0接口输入的值除以4的商四舍五入,并从5号接口输出,实现风扇变速功能。

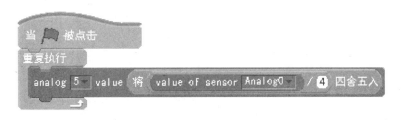

3. 实现光感控制功能。

将电机连接到控制板D10D11接口,将光敏感应(Light Sensor)模块连接至控制板的A0A1接口,在光敏感应模块的另一端连接信号使能模块。

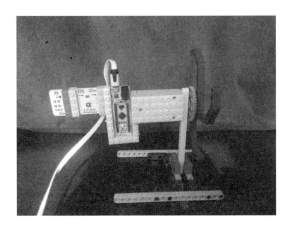

当绿旗被点击,重复执行侦测A0A1接口的值是否大于50,如果大于50,则启动电机打开风扇,否则关闭。

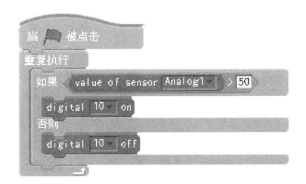

实践与创新

1. 将声控触发(Soud Trigger)模块连接到控制板,想一想能否将轻触按钮开关的脚本修改,实现风扇的声控功能。

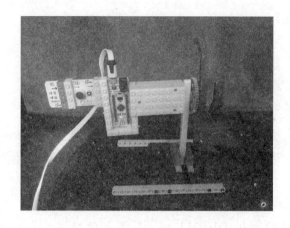

2. 想一想能不能利用斯泰姆 EC2 教学套件中的其他模块实现风扇的安全使用,如当人距离风扇太近,风扇会自动停止运行。

课外拓展

请仿照智能风扇的制作过程,利用 EC2 教学套件中的模块开发一个烟雾自动警报和排烟系统。

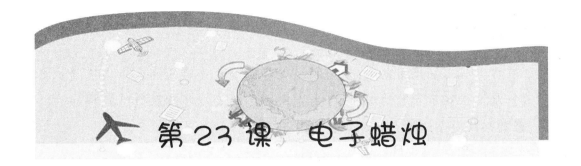

第23课 电子蜡烛

学习要点

● 知识技能目标：学习使用麦克风采集响度变化范围，学习侦测模块的响度控件的使用方法，会用声音控制角色。

● 创新思维目标：使用麦克风采集响度值，并将虚拟与现实相结合，创造性构建虚实结合的作品，凸显 Scratch 的实用性，将动手实践和脚本搭建相结合，培养学生对数字交互媒体作品的创新能力。

情景呈现

过生日许愿的时候，蜡烛必不可少，但在家里用明火点蜡烛有一定的危险，且蜡烛不能反复使用，而采用电子蜡烛既安全又环保。

做到吹气就能熄灭屏幕上的电子蜡烛，奥秘就在于用连接到计算机的麦克风感测声音或空气气流的变化。

在计算机上连接麦克风,分别测定安静时和吹气时的响度变化范围。在计算机屏幕上显示点燃的蜡烛,当麦克风测定的响度超过取值时就将火焰隐藏,否则只改变火焰的大小。其流程图如下:

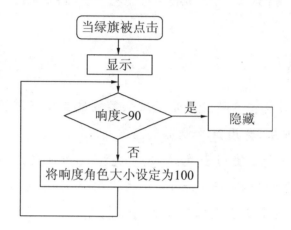

在制作电子蜡烛的过程中,主要完成以下4个任务。

任务需求	图示	解决策略
1. 测试麦克风。		勾选侦测模块响度控件,检查是否正常连接。
2. 观察并记录安静时和吹气时响度变化范围。	响度 0 响度 92	分别记录响度的变化范围。
3. 用响度控制火焰是否熄灭。	响度 > 90	如果响度超过阈值,就隐藏火焰。
4. 用响度控制火焰的大小。	100 - 响度	响度越大火焰越小。

搭舞台　创角色

1. 从本地文件夹导入一张蛋糕图片,作为舞台背景。

2. 从本地文件夹分别上传蜡烛和火焰两个角色,并将火焰、蜡烛和蛋糕依次摆放。

脚本搭建

1. 连接麦克风并测试。

将麦克风连接到计算机面板上,勾选侦测模块中的 ☑ 响度,舞台左上角会出现 响度 0 ,对着麦克风吹气,数值随之变化,则表示连接成功。

2. 观察并记录安静时和吹气时响度的变化范围。

观察在安静时和在吹气后的响度的变化范围,记录下来。确定一个在吹气响度变化范围之内的值,它是判断能否熄灭火焰的关键阈值(不同环境,阈值也应不一样,这里设定阈值为90)。

3. 用响度控制火焰是否熄灭。

使用大于控件和响度控件,重复侦测响度是否大于90,如果侦测到的响度超过90,那么将火焰隐藏,表示火焰熄灭。

4. 用响度控制角色大小。

使用特效控件,当响度没有超过阈值时,设置角色的大小为原本大小100减去响度,火焰就会随着吹气而变化,气流越大则火焰越小。

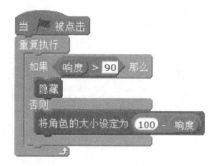

搭舞台　创角色

所属类别	控件图标	作　用
侦测	☑响度	显示麦克风采集的声音或气流的变化。

实践与创新

1. 吹气时除了烛火大小变化外,能否让蜡烛的明暗、角度也发生一定的变化?

2. 蜡烛熄灭以后能否给观看者一个惊喜? 可以是一句话、一个动画或一首歌。

3. 可以制作出在蛋糕上插多根蜡烛,蜡烛逐一被吹灭的效果吗?

课外拓展

1. 使用响度控件,制作吹气球游戏。再想一想还能制作什么样的作品?

2. 你玩过"八分音符酱"这个游戏吗? 它也是通过声音控制角色跳跃的,玩一玩这个游戏,试一试也来做个声控游戏。

第24课 有趣的克隆

学习要点

- 知识技能目标：掌握克隆的相关控件，理解克隆和图章的区别，能够使用克隆功能实现将一个角色生成多个不同的克隆体的方法。
- 创新能力目标：利用克隆功能让学生在模块化的计算思维上有了进一步的提升，形成对象化的计算思维，为进行复杂的对象化编程打下基础；培养学生基于重复对象编程的逻辑分析能力；通过电子贺卡的制作，培养和提升学生的数字审美能力。

情景呈现

新年就要到了，给爸爸妈妈、小伙伴们送上一份亲手制作的电子贺卡，打开贺卡，美丽的雪花纷纷飘落，表达我们的祝福和感谢，创意满满又诚意十足。

那么多大小不一、颜色深浅不一的雪花，只使用了一个角色就完成了，奥秘就在于 Scratch 2.0 独有的克隆控件。

任务分析

将一个"雪花"变成多个"雪花",从舞台上方任意位置移动到舞台底部,为每个"雪花"设置不同的效果,当雪花碰到舞台底部即被删除。其流程图如下:

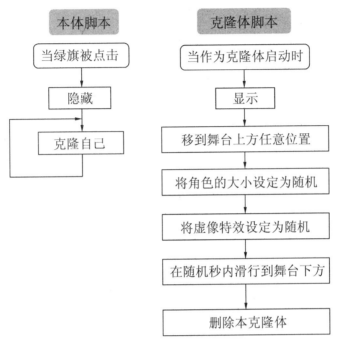

在这张贺卡的制作过程中,主要完成以下 5 个任务。

任务需求	图示	解决策略
1. 将一个雪花角色变成许多一模一样的雪花。		采用克隆控件,将一个雪花角色克隆成多个可操控的克隆体。
2. 让重叠的雪花分散在舞台上方任意位置。		这两个任务可以合并,使用移动控件,设置克隆体的位置且让雪花飘落。
3. 让雪花一片片飘落。		
4. 让每片雪花都有不同的效果。		给克隆体添加不同特效控件。
5. 删除堆在舞台底部的雪花。		当克隆体靠近舞台底部,删除克隆体。

搭舞台 创角色

1. 从本地文件夹导入一个节日背景图片，作为舞台背景。

2. 从角色库中导入一个"雪花"角色。

脚本搭建

1. 采用克隆控件，将一个雪花变多。

打开例程"新年贺卡.sb2"，给雪花添加上克隆控件（原有的角色叫作本体，克隆出来的新角色叫作克隆体），同时让雪花隐藏本体并不断克隆自己。

2. 雪花克隆体分散出现在舞台上方。

克隆后,克隆体将会继承本体的所有特性,且克隆体都重叠在一起,给克隆体添加上显示控件和移动脚本,让每个克隆体出现在舞台上方任意位置。

3. 雪花飘落。

使用随机控件,设置雪花在 1~3 秒内移动到舞台底部,同时 X 轴方向为 −240~240 之间任意位置。

4. 增加雪花特效。

使用特效控件,设置大小为随机,虚像特效为随机效果,让雪花看起来更加真实。

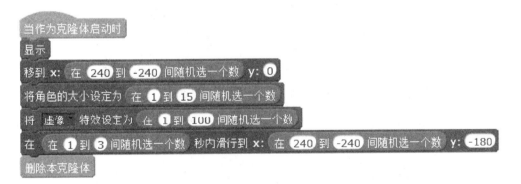

5. 删除舞台底部的雪花。

在雪花掉落到舞台底部时,选择删除克隆体。

当作为克隆体启动时
显示
移到 x: 在 240 到 −240 间随机选一个数 y: 0
将角色的大小设定为 在 1 到 15 间随机选一个数
将 虚像 特效设定为 在 1 到 100 间随机选一个数
在 在 1 到 3 间随机选一个数 秒内滑行到 x: 在 240 到 −240 间随机选一个数 y: −180
删除本克隆体

所属类别	控件图标	作 用
控制	克隆 自己	将一个角色克隆。
控制	当作为克隆体启动时	调用克隆体,下面所接所有控件都是针对克隆体的。
控制	删除本克隆体	删除克隆体。

实践与创新

1. 想一想,一份完整的电子贺卡还需要哪些组成部分? 你能够继续完善它吗?

2. 如何制作雪花随风飘落的效果?

课外拓展

1. 观察"接鸡蛋"这款游戏。你会制作让鸡蛋掉落的场景吗? 你能增加一个角色,制作一款接住或躲避鸡蛋的小游戏吗? 想一想,还需要哪些控件?

2. 使用克隆控件,制作"贪吃蛇"游戏。你还想制作什么游戏?

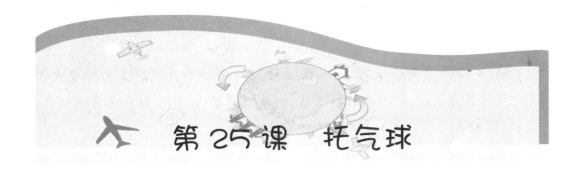

第25课 托气球

● 知识技能目标：掌握控制摄像头开启和关闭的控件、控制摄像头呈现在舞台上的透明度的控件及视频侦测控件；利用摄像头的各种变化，解决日常生活中的实际问题。

● 创新能力目标：在脚本搭建尝试中体验如何使程序最优化，体会控制摄像头不同控件的变化，用创新思维生成解决问题的策略。

情景呈现

托气球游戏大家都玩过，气球本身质量较轻，被托到空中后缓缓下落，用手一托，又会向上飞一些。在 Scratch 中，也可以实现类似用手托气球的游戏。

实现这个游戏的奥秘就在于气球在下落过程中，利用外部物体在摄像头前对角色或舞台的移动速度变化值来触发相应交互，让气球向上飞起来。

任务分析

气球从舞台上面缓缓落下，如果摄像头侦测到手在气球上的幅度大于30，则将气球向上移动，否则继续下落，如果碰到舞台边缘，则表示游戏结束。其流程图如下：

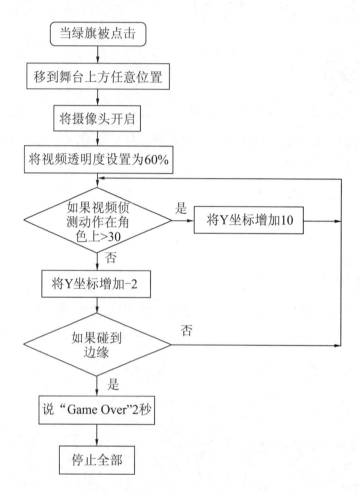

在制作托气球的过程中，主要完成以下 3 个任务。

任务需求	图示	解决策略
1. 气球初始化。		设置气球的初始位置，开启并设置摄像头。

任务需求	图示	解决策略
2. 托气球。		若侦测到手的动作,则将气球向上移动,否则使气球下落。
3. 停止游戏。		如果碰到舞台边缘,结束游戏。

搭舞台　创角色

1. 从背景库中导入一张图片 hay field 作为舞台背景。

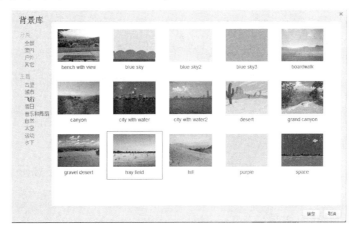

2. 从角色库中导入一个气球角色,也可以自己动手绘制。

脚本搭建

1. 初始化：确定位置，打开摄像头，设置视频透明比例。

将气球移到舞台上方任意位置，并开启摄像头，将视频透明度设置为60%，使得视频呈半透明。

2. 托气球。

重复执行摄像头侦测手在舞台上的幅度变化，如果幅度大于30，则气球就向上移动10步，否则继续向下移动。

3. 结束游戏。

重复执行，如果气球碰到舞台边缘，说"Game Over"，结束游戏。

控件说明

所属类别	控件图标	作 用
侦测	将摄像头 开启	控制摄像头的开启和关闭。
侦测	将视频透明度设置为 60 %	控制摄像头呈现在舞台上的透明度。
侦测	视频侦测 动作 在 角色 上	控制摄像头侦测到的物体与角色和舞台相"重叠",所引起的"舞台"和"角色"的速度或幅度(光流)发生的变化。

实践与创新

1. 进行"托气球大赛",比比谁的气球托得最稳!

2. 运用摄像头来控制赛车在赛道上行驶,调试程序使赛车不仅能开得快,又能安全抵达终点。

注意以下提示:

(1) 摄像头的透明度。

(2) 摄像头变化的幅度值。

课外拓展

1. 关于摄像头控制赛车行驶还有很多有意思的研究,例如,运用色块和色度来解决赛车在摄像头控制下行驶的问题。

2. 能运用摄像头来控制楼道的灯的开关、商场的门的开关、车库汽车的进出吗? 它们都是通过什么实现的?